接地网缺陷检测定位及防护技术

主　编　董曼玲

副主编　马云瑞　耿进锋　丁国君　杨　帆

中国水利水电出版社

www.waterpub.com.cn

·北京·

内 容 提 要

在电力系统中，接地网占有十分重要的位置，其作用是把故障电流引入地下并为设备提供参考电位。然而，接地网长期工作于地下，由于电流冲击、电化学腐蚀和焊接不良等原因，容易造成接地网的局部缺陷，局部缺陷会造成局部电阻过大，降低故障电流泄放能力，导致接地网整体接地性能下降，威胁电网运行安全。因此，开展接地网的缺陷精确定位和相关防护技术，指导及时对接地网的运维检修具有重大工程意义。本书共分5章，包括绪论、基于磁场微分法的导体定位新技术、基于电阻率成像的接地网支路局部缺陷诊断技术、接地网缺陷状态与评估系统研究、接地网高可靠放热熔钎焊技术。

本书立足实际、分析透彻，可供电网设备运行检修人员、科研人员使用，也可供高校相关专业师生学习、参考。

图书在版编目（CIP）数据

接地网缺陷检测定位及防护技术 / 董曼玲主编. --
北京 ： 中国水利水电出版社，2022.12
ISBN 978-7-5226-1067-2

Ⅰ．①接… Ⅱ．①董… Ⅲ．①接地网—设备状态监测
②接地网—安全防护 Ⅳ．①TM62

中国版本图书馆CIP数据核字（2022）第206699号

书　　名	**接地网缺陷检测定位及防护技术** JIEDI WANG QUEXIAN JIANCE DINGWEI JI FANGHU JISHU
作　　者	主　编　董曼玲 副主编　马云瑞　耿进锋　丁国君　杨　帆
出版发行	中国水利水电出版社 （北京市海淀区玉渊潭南路1号D座　100038） 网址：www.waterpub.com.cn E-mail：sales@mwr.gov.cn 电话：（010）68545888（营销中心）
经　　售	北京科水图书销售有限公司 电话：（010）68545874、63202643 全国各地新华书店和相关出版物销售网点
排　　版	中国水利水电出版社微机排版中心
印　　刷	清淞永业（天津）印刷有限公司
规　　格	184mm×260mm　16开本　9.25印张　192千字
版　　次	2022年12月第1版　2022年12月第1次印刷
定　　价	78.00元

编 委 会

在电力系统中，接地网占有十分重要的位置，其作用是把故障电流引入地下并为设备提供参考电位。然而，接地网长期工作于地下，由于受到电流冲击、电化学腐蚀和焊接不良等原因的影响，容易造成接地网的局部缺陷，局部缺陷会造成局部电阻过大，降低故障电流泄放能力，导致接地网整体接地性能下降，威胁电网运行安全。因此，开展接地网的缺陷精确定位和相关防护技术，指导对接地网的及时运维检修具有重大工程意义。

本书主要描述接地网缺陷检测定位和防护技术。全书共5章：第1章介绍了接地网缺陷检测定位技术的基本概况。第2章描述了基于磁场微分法的导体定位新技术。第3章阐述了基于电阻率成像的接地网支路局部缺陷诊断技术。第4章描述了接地网缺陷状态与评估系统研究，包括缺陷程度界定、现场缺陷状态评估和数字化档管理。第5章详细介绍了接地网高可靠放热熔钎焊技术，主要包括放热熔钎焊机理、焊粉研发、模具结构优化和接头性能评价。

本书在编写过程中得到了北京科技大学、河南四达电力设备股份有限公司的大力支持，表示衷心感谢。同时，本书编写过程中，参考了大量文献资料，对文献作者提供的帮助一并表示衷心感谢。

由于编者经验和水平有限，接地网缺陷检测和防护技术也在不断发展，书中有疏漏和不足之处，恳请广大读者批评指正。

编者

2022 年 8 月

目录

第 1 章

绪　　论

1.1　接地网材质概述

1. 铜材

接地网是维护电力系统安全可靠运行、保障人员安全的重要措施，是变电站设备的重要组成部分，其作用是把故障电流引入地下并为站内设备提供参考电位。电力工程常用的接地材料主要有铜材、钢材或复合材料等几种。作为接地材料，普遍认为铜材在性能上要优于钢材，这主要体现在两个方面：一是铜材的电阻率小，导电性好，泄流快，铜和钢在 20℃时的电阻率分别是 $17.24\mu\Omega\cdot mm$ 和 $138\mu\Omega\cdot mm$，铜的电阻率是钢的 1/8，也就是说，铜的导电能力是铁的 8 倍；二是铜材的耐腐蚀性强，当被腐蚀也就是氧化后，铜的表面会产生附着力较强的氧化物——铜绿，可以很好地保护内部的铜，防止进一步氧化，而钢材被氧化后产生的铁锈附着力差，易剥离且易吸水，会加速钢的进一步氧化。因此，早期欧美国家及日本等发达国家和地区在选择接地网材料时，通常首选铜材。从可靠性和经济效益来看，铜是首选的防腐型接地网材料，铜质接地网已在发达国家的输变电工程中得到广泛应用。接地网采用铜材，抗腐蚀能力强，接地电阻稳定，可避免接地网的大规模开挖改造，虽然一次性投资较大，但从长远利益考虑是值得投资的。美国等发达国家多采用铜作为接地网材料，我国新建500kV 变电站中也部分采用了铜材接地网。

但是，采用铜作为接地网材料也有许多不足之处，主要为价格昂贵，成本较高铜材比钢质接地网造价高 5 倍以上，且铜为不可再生资源，最重要的是，我国铜资源短缺，工业发展造成我国铜材的进口量不断增大，价格不断升高。因此，在接地网中大量使用铜材不符合建设资源节约型电网的发展方向。

近几年来，经过全球多年采用铜材接地网的经验结论来看，铜材作为接地网会出现许多预想不到的危害，比如：

（1）铜材接地网对邻近构架钢材造成严重腐蚀。锌的电极电势 $E_q = -0.7618V$，铁 $E_q = -0.447V$，铜 $E_q = 0.3419V$。锌的电极电势比铁低，比铜更低，因而锌可作牺牲阳极保护铁和钢。如果用铜作接地网材料，而接地网附近有很多混凝土和钢构件及地下电缆管道等，这些钢材电极电势比铜低很多，结果形成铁为阳极、铜为阴极的腐蚀电池，其腐蚀电压为 0.75V，更加上构架上母线泄漏电流，经钢材流入地下铜材接地网，又形成电解腐蚀。这时钢构架成为牺牲阳极，铜接地网成为被保护阴极，因而加速构架钢材和混凝土内钢筋及地下管道电缆的腐蚀，这就成为变电站的事故隐患。1996 年美国在 IEEE Std 80 号标准中提出：如果用铜材作为接地网，必须对邻近构架钢材钢筋采取有效措施防止腐蚀。

（2）铜材在酸性土壤中防腐性比钢差。铜对碱性介质有较好的防腐性能，但对酸性介质防腐性能较差。土壤成分是复杂的，不同地方的土壤各不相同有碱性的也有酸性的。但随着近年来我国工业快速发展，部分地区环境恶化，大量酸雨出现，导致了土壤酸化问题不断加剧。在酸性土壤中，铜比铁更易腐蚀，如果对铁采用导电防腐涂料涂刷，比直接用铜有更优良的防腐性能。

（3）铜材接地网污染水土资源。铜是微毒类金属，微量铜对人体有益，过量铜对人体有害。铜在土壤中以化合物方式出现，铜盐使人中毒发生流涎、恶心、呕吐、腹痛等症状，严重者有头痛、心跳迟缓及呼吸困难。铜被腐蚀后可积累留在土壤中，土壤中的腐植酸等能与铜形成化合物而固定铜。铜在水资源土壤及食品中，与其他重金属镉、汞、铅、铬和砷等一样受到严格限量，国外都有此相似的限制。国家对水资源土壤中铜含量都有严格限制，电力工业无权将大量铜埋入地下对水资源土壤造成污染，这是国家的未来，也这是环境保护的红线。

基于以上内容，铜材虽好，但也存在价格高、不耐酸蚀、污染水土等不足之处。针对这一问题，国网公司已开发出锌/钢、铜/钢以及不锈钢包钢等多种复合材料，针对不同接地网要求，替代纯铜接地网材料。

2. 新材料

我国大部分输电线路和变电站的接地网都采用锌钢复合材料即热镀锌钢。热镀锌钢涂层薄且极易不均匀，在酸性土壤和接地电流作用下耐腐蚀性低，导致热镀锌钢接地网寿命低下，腐蚀严重的区域运行 3~5 年就需要开挖检修，运行 10 年后都会产生严重的腐蚀而不得不更换。为了延长热镀锌圆钢的使用寿命，工程上采用了扩大直径的方法，如从 ϕ10mm 分两步扩展至 ϕ14mm。直径扩大的主要原因是热镀锌圆钢在实际使用中从镀锌层到圆钢的腐蚀量均不能满足全寿命周期管理要求，不得已采用了扩大直径方法以延长使用年限，但直径扩大加大了安装成型的难度。此外，镀锌钢在安装过程中，大多采用电弧焊焊接，由于电弧焊产生的高温，造成镀锌圆钢的表面镀锌层严重破坏，虽然焊接处经过二次刷漆保护的补救措施，但防腐水平大打折扣，仍达不到理想的防腐效果。

国内外大量的研究表明，铜钢复合材料是铜的替代材料之一。铜钢复合材料兼具铜的耐蚀性高、铁的高强度等优点，性能高、成本较低，并节约了能源。铜钢复合材料的产品包括铜钢复合板、铜包钢线材、铜包钢接地棒等，在国内外的建筑、铁路、电力、石油化工等行业已得到了应用。

在接地网中采用铜钢复合材料其特点如下：

（1）导电性能好。铜包钢材料的电导率约为镀锌钢材的 2 倍。在疏导同样大小电流的情况下，铜包钢的截面积理论上可比镀锌钢材要小。

（2）抗腐蚀性强。传统镀锌钢材的锌层厚度只有 0.06mm，因腐蚀引起的年失重率高达 2.0%，在常规环境下只能保持 10 年左右的使用寿命。因此，镀锌钢导体地下的使用寿命在短期的接地工程中是可行的，但作为永久性接地体，还不太合适。铜在大气中易产生起保护作用的氧化铜膜。此氧化铜膜致密性较好，稳定性较强，腐蚀较缓慢，年失重率不超过 0.2%，铜层达到一定厚度时使用寿命为 50 年以上。这种寿命年限，几乎可称为是"免维护"的。因此，就腐蚀或寿命而言，尤其在恶劣的地质条件下铜包钢是最优的接地材料之一。

（3）机械强度高。传统镀锌钢导体在打入地下时，由于与土壤摩擦，镀锌层很容易脱落，使接地极抗腐蚀性降低，最终导致接地装置过早失效，危及人身和设备的安全。铜包钢导体由于铜层厚度大，结合度高，抗拉强度高于 600MPa，因此在与土壤的摩擦中不会影响其防腐性能。

（4）电阻率及压降小。另有研究结果也表明，20 年后镀锌钢材将被腐蚀掉 60%，而铜包钢仅腐蚀掉 25%，铜包钢的耐腐蚀性大大高于镀锌钢材。从机械性能来讲，铜包钢与纯铜相比具有明显的优势：在相同截面下，铜包钢棒的抗拉强度（≥600MPa）约是实心铜棒（220MPa）的三倍，能承受大的冲击和负荷，垂直接地体可直接打入地下，便于施工。铜/钢复合材料以钢代铜，减少了纯铜的消耗，降低了成本，节约了资源，作为接地材料具有很好的应用前景。包钢接地网材料如图 1-1 所示。

图 1-1 包钢接地网材料

近年来，针对酸性土壤地区接地工程应用，电力系统开发了新型的耐酸性土壤腐蚀钢——不锈钢包钢复合材料。这种新型的接地网材料是由优质碳素钢专用线材和特制专用不锈钢管两部分组成，用特殊的工艺和技术制造而成，其结构如图 1-2 所示。

不锈钢包钢的基础材料选用优质碳素钢，热镀锌圆钢的基础材料是普通碳素钢，优质碳素钢的物理性能大大优于普通碳素钢，特别是材料电阻率低、耐受冲击性强。同时，由于不锈钢包钢耐腐蚀性大大优于镀锌钢、铜包钢，从腐蚀试验的结果看，在无须加大不锈钢包钢直径的情况下，不锈钢包钢在土壤中可以正常使用的时间大于 50 年，电力工程常用接地网材料性能及使用要求对比见表 1-1。

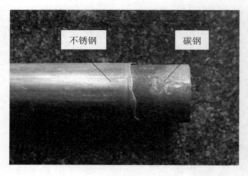 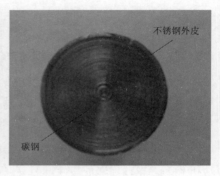

图 1-2　钢包钢复合材料结构

表 1-1　　　　　　　　电力工程常用接地网材料性能及使用要求对比

材质	导电率	耐腐蚀（酸碱）性	热稳定性	使用年限	施工现场有无明火	运行维护	环境影响
镀锌钢	一般	差	逐年下降	3～5	有	需定期检测、维护	有
不锈钢包钢	较好	很好	好	>50	无	免维护	无
铜包钢	很好	较好	好	>25	有	免维护	有

近年来，国网公司以及高校院所等科研机构已针对新型耐腐蚀接地网材料及防护技术开展了大量研究，接地线品种已日趋多样化，镀锌钢、铜包钢、不锈钢包钢、石墨包覆多股绞线、覆碳钢等不断推广，这些新型接地网材料已逐渐解决了传统接地材料不耐腐蚀、阻抗大等问题。但这些新型接地材料的焊接难度大，给电力工程接地网连接工程应用带来极大难度和挑战。传统熔焊、钎焊、压焊以及螺栓连接等接地网施工方式，在刚完成施工进行检测时往往可以达到要求，但随着时间推移，接地系统特别是接头部位由于电性能逐渐降低会导致整个接地系统的故障，不能为接地系统提供长期有效的保障要求。对于新型耐腐蚀接地网材料，急需更高效、高可靠的连接方法。

1.2　接地网缺陷检测定位技术

接地网是维护电力系统安全可靠运行，保障运行人员和电气设备安全的根本保证和重要措施。我国接地网一般采用镀锌钢接焊接而成，接地网长期工作于地下，由于电流冲击、电化学腐蚀和施工安装中的一些焊接不良等原因，容易造成接地网的局部缺陷。接地网的局部缺陷会造成局部电阻过大，降低故障电流泄放能力，导致接地网整体接地性能下降，无法承受雷电冲击或短路事故形成的大电流，一旦发生大电流入地会导致地电位的迅速抬升，不但会给变电站工作人员的安全带来严重威胁，还可能因反击或电缆皮环流使二次设备的绝缘遭到破坏，高压窜入控制室会引起检测或控制设备发生误动作或拒动而引起系统解列或崩溃，每次事故造成的直接经济损失大约在数十万元到几千万元，事故停电带来的间接经济损失则更大，同时也会造成不良的社会影响，因此开展接地网的缺陷精确定位和相关防护技术，指导及时接地网的运维检修具有重大工程意义。

以往对接地网缺陷诊断方法一般是经验性地对接地网进行抽样开挖，通过开挖导体来判断整个接地网的接地状态。抽样开挖存在盲目性大、工作量大、准确性低等缺点，实际工程操作中经常遇到"挖不到、挖不准"的情况，无法有效实现对整个接地网缺陷的判别和排除。在缺陷的诊断定位中，接地网拓扑结构的明确与否是影响诊断精度的一个重要因素，但一些变电站的设计图纸存在丢失和图纸与实际埋设不一致的现象，降低了诊断精度。目前的接地网缺陷诊断方法，受到优化算法、数据量和测量精度的限制，还不能对接地网的性能状态进行有效评估。同时，针对接地网的局部缺陷程度，目前还没有形成科学的评估标准，一般通过经验判断腐蚀等缺陷的严重性，进行定量判断的准确度较低，且诊断和运维数据缺乏长期跟踪，不利于接地网整个生命周期的性能评估与预测。

在接地网的研究中，国外的变电站接地网一般采用铜导体接地，其接地性能和可靠性较高，因此在缺陷诊断方面的研究较少，多在接地技术的理论分析、数值计算、试验方法、标准制定和软件开发方面进行研究并取得了不错的成果。具有代表性的成果有：加拿大 SES 公司的 F. P. Dawalibi 教授基于电磁场理论提出了完善的基于矩量法的接地性能参数分析方法和接地网的频域分析方法。F. P. Dawalibi 教授采用数值计算方法研究了接地网的瞬态性能，计算了冲击接地电阻、暂态地电位升、冲击电流等，并计算了接地网在不同土壤结构中的接地电阻。F. P. Dawalibi 教授的研究团队开放了接地性能分析软件 CDEGS，其在接地网暂稳态计算、土壤参数反演等方面被国内外广泛应用。

Thapar 教授研究了任意形状的接地网，并提出接地电阻的计算方法，研究了规则形状接地网的接触电压和跨步电压。J. M. Nahman 教授研究了双层土壤中的接地网，并计算了接地网的接地电阻、接触电压和跨步电压。Y. L. Chow 教授提出了均匀土壤和双层土壤中接地网接地电阻的解析计算公式，并提出了求解多层土壤中电位格林函数的复镜像法。L. D. Grcev 教授研究了天线理论在接地网瞬态特性中的应用，提出了接地网高频分析方法。A. F. Otero 教授研究了分析接地网高频性能的等效电路模型，并与电磁理论方法进行了对比。H. Anton 教授研究了接地网周围其他导体材料对接地网的接地电阻、接触电压和跨步电压的影响。S. S. Pappas 教授基于 ARMA 模型对接地电阻参数随着使用年限的变化进行了分析与研究。

在国内的研究中，由于国内接地网的缺陷情况较为严重，国内很多学者在缺陷诊断的相关方法与技术领域中进行了深入研究工作，取得了许多贡献性的成果。目前的诊断方法主要分为基于电路理论的诊断方法、基于电磁场理论的诊断方法和基于电化学的诊断方法。

1.2.1　基于电路理论的诊断方法

基于电路理论的方法将接地网看成纯电阻网络，利用电路理论的基本原理，通过一定的测量手段和计算方法建立接地网的支路电阻诊断方程，并通过求解诊断方程得到各支路导体的实际阻值或电阻值变化率，进而对接地网的缺陷状况进行判别。

西安科技大学刘健教授带领的团队在基于电路理论的诊断方法中取得了许多创新性的成果。根据接地网的拓扑结构及可及节点的分布，提出了接地网分层约简模型和接地网分块模型，分层、分区进行测试和诊断，论述了禁忌搜索法、蒙特卡罗法、遗传算法、DUFFING 振子等方法在接地网缺陷诊断中的应用，并分析了接地网的可测性，研制了一套接地网故障诊断测试系统，并在建立的 3 个实验接地网上进行实验测试与理论验证。但实验过程需要紧密结合实际接地网结构和图纸，同时诊断结果对测量误差比较敏感，诊断精度不高。

武汉大学文习山教授分析了接地网特性参数与土壤分层结构特性之间的相关性，同时论述了场路结合法、遗传算法在接地网故障诊断中的应用。但现场实际引下线数量条件的限制会导致测量数据少，降低了诊断结果的准确性，难以应用于实际变电站腐蚀诊断测量。

清华大学何金良教授、曾嵘教授等基于特勒根定理，采用互换接地网初始状态及局部缺陷发生后的支路电压和电流的方法，利用可及节点之间的端口电阻测量值建立了诊断方程，并研发了一套发、变电站接地网缺陷诊断的测量诊断系统。利用该方法对接地网进行腐蚀诊断时，需要知道引下线端口的电压和电流，对良好导通的成对引下线数量要求较大，数据的测量工作量很大。

从上面的研究现状可以看出，基于电路的接地网腐蚀诊断方法已经取得了很多不错的成果，但是目前基本上都停留在实验室研究和应用阶段，其中最主要的问题是都受到接地网具体支路构造结构的限制，其局限性比较明显。

1.2.2　基于电磁场理论的诊断方法

基于电磁场理论方法主要是通过向接地网注入一定频率的正弦电流，并测量接地网地表磁场强度的分布情况，最后根据磁场的分布对接地网的缺陷程度进行诊断。

华北电力大学崔翔教授、刘洋教授所在团队在这方面做了较多的研究。该团队采用电磁场理论对接地网故障诊断状态进行了分析研究，根据地表磁场强度的分布来诊断接地网导体的缺陷情况，在接地网发生故障的导体上方地表磁场会出现跌落；并且，对于接地网图纸缺失或实际地网结构与图纸不一致的情况，崔翔、刘洋团队提出了一种基于磁场检测的接地网结构判别和腐蚀诊断的方法，研制了一套基于磁场的接地网缺陷诊断系统，并现场试验检测接地网拓扑结构，为接地网状态检测和缺陷诊断奠定了基础。

此外重庆大学何为、杨帆也在这方面进行了研究，论述了基于模拟退火遗传算法、正则化算法的接地网故障磁场诊断方法。

基于电磁场理论的接地网故障诊断方法问题在于通常只能判断出测量点附近接地网导体的状态，对接地网支路的断点比较敏感，但是对于缺陷未造成支路断裂的情况，磁场信号变化不够明显，同时受到现场工频信号和地磁场信号的干扰，测量数据的信噪比较低，对缺陷的诊断效果还不太理想。

1.2.3　基于电化学理论的诊断方法

利用电化学方法检测接地网的腐蚀情况，就是利用接地体在腐蚀过程中，会产生的相应电化学作用的特性来进行腐蚀缺陷检测。通过测定接地网的导体与土壤腐蚀体系的电化学特性可以确定接地体在特定环境中的腐蚀程度和速率。

在这方面，华北电力科学研究院张秀丽教授、湖南大学彭敏放教授做了较多的研究。张秀丽教授团队开发研制接地网腐蚀原位电化学检测系统，可获取接地网金属腐蚀速度和腐蚀状态信息。彭敏放教授团队提出并论述了基于准稳态测量和线性极化技术的接地网腐蚀状态检测方法并进行接地网剩余寿命预测研究。同时天津大学韩磊、王鑫对接地网腐蚀现场检测进行了研究。

电化学法是检测接地网材料腐蚀产物和研究腐蚀机理的有效手段，但是只能对接地网的腐蚀进行诊断，对其他的焊接不良、支路断裂缺陷还不能进行检测。同时电化学传感器的限流问题和发电厂、变电站、输电线路中存在的其他腐蚀干扰信号对电化学测检测方法也有较大的影响。

因此，国内目前的接地网缺陷诊断技术可以在一定程度上完成接地网的缺陷诊断，但是基本上停留在实验室研究和应用阶段。在现场的实用化过程都会存在一些限制因素：电路法存在的限制因素主要是数据测量工作量大、诊断准确度低；磁场法的限制因素主要是磁场测量工作量大、干扰多；电化学法的限制因素是传感器本身的限流特性和干扰信号强。

1.3 接地网连接方式

1.3.1 接地网常规连接方式

由于原来对接地系统的电气性能要求不高，导体间连接工艺往往采用常规的焊接方式进行，常规的焊接方式受人为因素影响造成接头完成质量的不稳定，焊接本身对焊接母材的破坏，土壤中酸或碱等对接头的腐蚀等都无法使接地系统保持高效而又长期稳定的运行。而选用铜材作为导体采用常规焊接方式时也同样无法避免上述问题，种种弊端体现在传统的连接方法上。

目前接地网材料的连接方法主要有：

（1）熔化焊连接。常用的焊接方式是焊条手工电弧焊、TIG 焊、MIG 焊等焊接工艺。但这些焊接都只是表面搭接，对于直径较大或者厚板接地材料，熔化焊接头的熔深往往不够，填充金属和母材不能很好地熔合，接头不密实；或者需要增加开坡口等工艺措施，增大施工成本；熔化焊所需的焊接设备复杂、要求高，对于高压输电塔等接地工程的野外施工不便利。此外，焊接接头的性能对操作技术人员的熟练程度要求高，即使是持有特殊工种上岗证的人员，也较容易出现一些焊接缺陷，无法从表面判断内在质量。

（2）钎焊连接。火焰钎焊、高频感应钎焊、电阻钎焊等传统钎焊方法均可实现接地网材料的连接，对于不同材质的接地网材料，银基、铜基钎料均可用于接地网的钎焊。但钎焊在接地工程实施应用中，相关钎焊设备对水、电、气等辅助条件要求高，不利于野外施工。另外，钎焊对于操作人员技术水平要求较高，焊接质量易受人为因素影响。

（3）线夹连接。这种方法比较适用于两条裸露绞线的对接，但无法进行十字交叉连接。如要十字交叉，则要求有特殊的十字接线夹，或者要先形成接地线排和接地线夹，再使用螺栓连接。

（4）螺栓连接。连接时导体的接触面应符合相应的标准，该方法与压接线夹连接法结合在施工现场应用比较普遍。

（5）压接连接。压接又称压焊，是指在被焊金属接触面上施加足够大的压力，借助于压力所引起的塑性变形，以使原子间相互接近而获得牢固的压挤接头。通常需借助专用压接钳等工具来实现。压接连接接地网工程应用受限，主要用于直径较小、塑形较好的接地材料的压接。

（6）放热焊接。放热焊接是一种简单、高效率、高质量的金属连接方法，它利用金属化合物的化学反应热作为热源，通过过热的（被还原）熔融金属，在特制的石墨模具型腔中形成一定形状、尺寸，符合工程需求的熔焊接头，可实现铁与铁、钢与钢、钢与铁、铜与铜、铜与钢等同种或异种材料的连接。

1.3.2　接地网放热焊接技术

放热焊接是接地网连接工程应用较为广泛的一种连接方法。在国外，放热焊接已通过有关标准的严格论证，并被《交流变电站接地安全导则》（IEEE Std80—2000）等规程指定为接地系统中埋地导体的连接方式。放热焊接与常规的连接方式在多方面相比较存在诸多优点，两者比较见表 1-2。目前，放热焊接广泛用于发电厂、变电站、输电线路杆塔、通信基站、机场、铁路、城铁与地铁、各种高层建筑、微波中继站、网络机房、石油化工厂、储油库等场所防雷接地、防静电接地、保护接地、工作接地等。

表 1-2　　　　　　　　　　放热焊接与常规连接方式比较

比较项目	放　热　焊　接	常规连接方式 （电焊、钎焊、压焊、栓接等）
结合情况	分子结合，接头更紧密，实际接触面积更大	接头不紧密，实际接触面积小
使用寿命	两者相同	两者相同
载流能力	两者相同	两者相同
连接类型	可连接铜、铜合金、钢、铜包钢、不锈钢等多种金属	只能连接钢、铁等金属
耐腐蚀性	耐腐蚀能力强，与导线本身的抗腐蚀能力相同	耐腐蚀能力较差，容易成为腐蚀开始点以及腐蚀最为严重的部分
动力需求	无须外加电源或热源	需要电源或大功率热源
质量检验	从外观便能核查连接的质量	需要逐一判断，根据施工人员能力而定
施工设备	连接用材料很轻，携带方便	需要电焊机等较为沉重的设备
环境影响	释放热量小，对外界绝缘破坏小，不产生任何污染物	释放热量较多，容易对周围环境造成危害
连接时间	连接速度快，效率高	需要较长时间，工作效率低

放热焊接接头属于一种铸造组织，基于铸造冶金原理及特点，如果在放热焊粉成分设计不佳、品质不高情况下，形成的焊接接头内部容易产生气孔、夹渣、开裂等典型铸造缺欠。放热焊接技术研发的关键在于焊粉、模具和焊接工艺，其中焊粉配方是技术开发的重点。目前国内外在放热焊接技术方面的研究报道相对较少，尤其国外焊粉配方方面的相关研究基本无资料可查询。国内在接地网放热焊接技术方面的研究基础薄弱，未见相关研究成果产业化及推广应用。

西安理工大学的冯拉俊教授、国网各省公司以及送变电公司等单位对接地网材料的放热焊焊粉研制及接头性能研究进行了初步的试验探讨。主要研究了放热焊粉粒径对焊接燃烧剧烈程度、安全性等的影响，并采用正交试验研究焊粉成分对气孔、夹杂等的影响，优化出焊粉配方，以铝粉、氧化铜粉为主元素，添加一些铁、铜合金元素以及特殊功能辅助溶剂等研制放热焊粉，然而其主要研究目标以消除接头缺陷、提高焊接强度为主，未从放热焊机理上进行相关研究，缺乏理论支撑，对放热焊时的热量做不到精准控制，所进行的试验未考虑到影响放热焊焊粉焊接质量的其他因素，诸如原材料配比、品质、焊接工艺以及各种添加剂的影响等，对焊粉性能的检测内容未考虑到接地网运行中存在的实际问题，缺少相关研究。

在放热焊模具开发方面，国内一些公司的技术团队均进行过相关研究。有团队开发了一种特殊的放热焊接模具，使用模芯和硬质合金钢护壁组合式结构，提高了模具的使用寿命，其中有团队研发了一种模块组合式放热焊接模具，通过将坩埚、模芯与夹紧装置设置为分体式，使得放热焊模具整体强度得以提高，延长了使用寿命。但是以上研究均只是针对本公司接地材料产品进行研发，未考虑到目前接地网材料、接头形式的多样化，所开发模具适应性较差，而且忽略了模具结构尤其是熔接腔道结构对放热焊焊接质量的影响，缺乏相应工艺规范和理论依据。依据放热焊焊接原理，焊粉剧烈化学反应后生成的高温铜液需在引流腔道引流作用下，根据接地材料规格和接头形式，沿不同方向流入熔接腔内形成熔接接头。模具结构设计得不合理，容易导致气体、氧化铝等杂质无法快速从焊接接头排出，严重情况下出现铜液无法下流造成模具损坏；模具使用后易破损或变形，密闭性变差，造成填充金属流失从而影响焊接接头质量。因此，模具结构设计与放热焊质量的相互影响，是在接地工程推广应用中需要考虑的关键因素，在提高模具使用寿命的基础上，还要保证合理的设计结构，减少焊接缺陷，提高焊接质量。

此外，目前接地网施工基本都在野外，施工环境恶劣，施工现场环境气候、湿度、焊接工艺过程等因素对放热焊焊接质量都有很大影响。调查发现，在本项目开展之前，国内接地领域放热焊焊接施工尚没有针对性的标准作为施工验收和质量检验及评定的依据，接地网放热焊的缺陷率达 10% 以上，是电网安全运行的一大隐患。基于上述问题，为提升电力工程接地系统的可靠服役寿命，降低施工及维护成本，在进行电力系统不同类型接地网材料、不同服役环境的高可靠放热焊焊接技术系统研究，开展接地网系列化、专用高品质放热焊焊粉及焊接工艺研究开发的同时，应进行技术验证示范，形成行业标准规范，指导现场规范施工，以提高接头质量、降低接地网放热焊接头的缺陷率，保障电网安全运行。

第 2 章

基于磁场微分法的导体定位新技术

微分法技术广泛应用于地震探测、地球物理等领域的信号处理中，能够对特征信号进行有效提取，反映隐性场域的物理状况。接地网埋于地下，是一个"隐蔽"工程，对其进行结构探测只能基于非接触测量手段。研究发现通过向接地网注入电流，测量地表磁场并进行微分运算，能够对接地网的导体支路进行准确定位，因此提出了基于磁场微分法的隐性导体定位方法，并进行了相关研究。

2.1 磁场微分法导体定位算法研究

磁场微分法的原理是在接地网中注入一定频率的正弦电流时，将会在地表产生磁场分布，对磁场分布进行对距离的微分运算，其磁场微分结果图像的峰值特性能够定位相应的导体支路，以载流单导体进行磁场微分法的理论说明。无限长导体载流模型如图 2-1 所示。

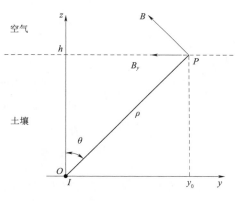

图 2-1 无限长导体载流模型

无限长导体通过坐标原点放置在 x 轴上，导体水平埋在磁导率为 μ 的单层均匀土壤中，埋深 h，导体中流过的电流为 I，电流的方向垂直于 yz 平面向外。对于地表面上的一点 P，距离载流导体的垂直距离为 ρ，线段 OP 与 z 轴的夹角为 θ。

忽略导体在土壤上的泄漏电流，根据安培环路定理，载流导体在 P 点产生的磁场应强度为

$$B = \frac{\mu I}{2\pi\rho} e_\phi = \frac{\mu I}{2\pi} \frac{1}{\sqrt{h^2 + y^2}} e_\phi \tag{2-1}$$

根据 $\rho^2 = h^2 + y^2$，载流导体在 P 点产生平行于地面的磁感应强度 $B_y(y)$ 为

$$B_y(y) = -\frac{\mu I h}{2\pi} \frac{1}{h^2 + y^2} \tag{2-2}$$

根据式（2-1）和式（2-2）可得，磁感应强度 $|B(y)|$ 和 $B_y(y)$ 在 $y=0$ 处存在最大值，且 $|B(y)|_{max} = |B_y(y)|_{max} = \mu I/(2\pi h)$。选取 $I=1\text{A}$、$h=1\text{m}$，磁感应强度 $|B(y)|$ 和 $B_y(y)$ 曲线如图 2-2 所示，可以看出磁感应强度 $|B(y)|$ 和 $B_y(y)$ 具有主峰，并且主峰的位置对应着支路所在位置。

式（2-2）能够描述单载流导体产生的水平方向的磁场分布情况，称为形函数。对于网格形状的接地网，接地网地表面水平方向的磁场分布可以等效成接地网各个载流支路形函数的叠加。

对形函数进行二阶微分和四阶微分，计算公式为

$$B_y^{(2)}(y) = \frac{\mu I h}{\pi} \frac{h^2 - 3y^2}{(h^2 + y^2)^3} \tag{2-3}$$

$$B_y^{(4)}(y) = -\frac{12\mu I h}{\pi} \frac{h^4 - 10h^2 y^2 + 5y^4}{(h^2 + y^2)^5} \tag{2-4}$$

形函数 $B_y(y)$、形函数的二阶微分 $B_y^{(2)}(y)$ 和形函数的四阶微分 $B_y^{(4)}(y)$ 曲线如图 2-3 所示。

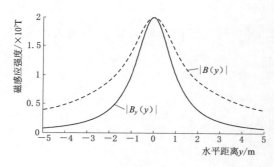

图 2-2　磁感应强度 $|B(y)|$ 和
$B_y(y)$ 的分布曲线

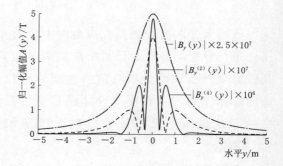

图 2-3　三种函数的分布曲线

从微分图像结果看出函数 $B_y^{(2)}(y)$、$B_y^{(4)}(y)$ 的主峰峰值位置与载流导体的位置相同，并都在 $y=0$ 位置，并且主峰更加突出和"尖"，因此计算磁感应强度 $B_y(y)$ 的二阶导数或四阶导数的主峰峰值位置可以确定测量区域内接地网支路所在位置，进而绘制接地网拓扑结构。

根据图像计算出三种函数的形状特性比较表，见表 2-1。

表 2-1 中主峰宽度是指主峰两零值点（或主峰极值的 1%）之间的宽度；旁峰宽度为主峰邻近的旁峰的两零值点（或主峰极值的 1%）之间的宽度；影响范围是指函数包络振幅近似为主峰极值的 1% 的最大距离范围；Widess 分辨率 P 是函数主峰极值 b_M^2 的能量与函数的总能量 E 之比，即

表 2 - 1　　　　　　　　　　三种函数形状特性比较表

函数	形 状 特 性				Widess 分辨率
	影响范围/m	主峰宽度/m	旁峰宽度/m	波峰总数	
$B_y(y)$	19.90	19.90	—	1	0.6361
$B_y^{(2)}(y)$	7.9030	1.1552	3.3739	3	1.6849
$B_y^{(4)}(y)$	4.4380	0.6504	1.0516	5	2.2847

$$\begin{cases} P = \dfrac{b_M^2}{E} \\ E = \displaystyle\int_{-\infty}^{\infty} b^2(y)\,\mathrm{d}y \end{cases} \qquad (2-5)$$

通过表 2 - 1 中的数据对比可以看出，随着对 $B_y(y)$ 进行二阶、四阶的求导，函数的影响范围、主峰宽度和旁峰宽度逐步减少，波峰总数和 Widess 分辨率逐步增加，信号的识别能力增强。

根接地网网格的间距通常为 $3\sim7\mathrm{m}$。当函数 $B_y(y)$、$B_y^{(2)}(y)$、$B_y^{(4)}(y)$ 的影响范围各自小于网格间距的 2 倍时，相邻两条平行支路的 $B_y(y)$、$B_y^{(2)}(y)$、$B_y^{(4)}(y)$ 之间的相互影响可以忽略。

根据式（2-3）和式（2-4），函数 $B_y^{(2)}(y)$、$B_y^{(4)}(y)$ 的主峰峰值位置与载流导体的位置相同，并都在 $y=0$，因此计算磁感应强度 $B_y(y)$ 的二阶导数或四阶导数的主峰峰值位置可以确定测量区域内接地网支路所在位置，进而绘制接地网拓扑结构。

在接地网支路的精确定位中，需要进一步对接地网的深度进行定位。研究发现对磁感应强度进行不同阶次的微分，能够对导体埋藏深度进行探测。有限长载流导体模型如图 2 - 4 所示。对此，需要采用图 2 - 4 进行分析。

根据式（2-1）和式（2-2）计算得到

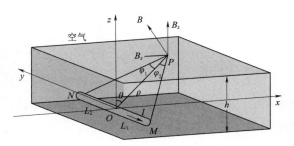

图 2 - 4　有限长载流导体模型

$$\begin{cases} B_z(x) = \dfrac{\mu I}{4\pi}\dfrac{x}{h^2+x^2}(\sin\varphi_1 + \sin\varphi_2) \\ B_x(x) = \dfrac{\mu I}{4\pi}\dfrac{h}{h^2+x^2}(\sin\varphi_1 + \sin\varphi_2) \end{cases} \qquad (2-6)$$

同样对其分别进行多节微分，可以得到

$$\begin{cases} B_z^{(1)}(x) \approx \dfrac{\mu I}{4\pi} \dfrac{h^2-x^2}{(h^2+x^2)^2}(\sin\varphi_1+\sin\varphi_2) \\[3mm] B_z^{(3)}(x) \approx \dfrac{3\mu I}{2\pi} \dfrac{-h^4-x^4+6x^2h^2}{(h^2+x^2)^4}(\sin\varphi_1+\sin\varphi_2) \\[3mm] B_z^{(5)}(x) \approx \dfrac{30\mu I}{\pi} \dfrac{h^6-x^6+15x^4h^2-15h^4x^2}{(h^2+x^2)^6}(\sin\varphi_1+\sin\varphi_2) \end{cases} \quad (2-7)$$

$$\begin{cases} B_x^{(2)}(x) \approx \dfrac{\mu I h}{2\pi} \dfrac{h^2-3x^2}{(h^2+x^2)^3}(\sin\varphi_1+\sin\varphi_2) \\[3mm] B_x^{(4)}(x) \approx \dfrac{6\mu I h}{\pi} \dfrac{-h^4-10x^2h^2+5x^4}{(h^2+x^2)^5}(\sin\varphi_1+\sin\varphi_2) \\[3mm] B_x^{(6)}(x) \approx \dfrac{180\mu I h}{\pi} \dfrac{7x^6-35h^2x^4+21h^4x^2-h^6}{(h^2+x^2)^7}(\sin\varphi_1+\sin\varphi_2) \end{cases} \quad (2-8)$$

假设注入电流 $I=1\text{A}$，埋设深度 $h=1\text{m}$，导体长度 $L_1=L_2=3\text{m}$，则式（2-8）中的微分结果分布如图 2-5 所示。

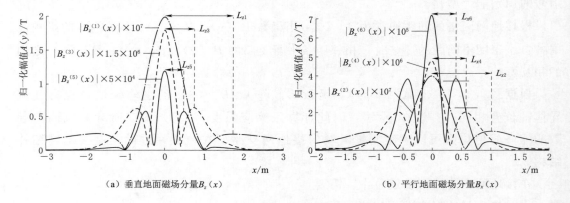

（a）垂直地面磁场分量 $B_z(x)$ （b）平行地面磁场分量 $B_x(x)$

图 2-5　微分结果分布

从图 2-5 中可以看出，这六种微分分布曲线都具有主—旁峰特性，在此将 $B_z(x)$ 各阶微分主—旁峰的距离分别记作 L_{z1}、L_{z3}、L_{z5}，$B_x(x)$ 各阶微分主旁峰的距离分别记作 L_{x2}、L_{x4}、L_{x6}。对于 $B_z^1(x)$ 曲线，我们记作函数

$$f(x)=B_z^1(x) \quad (2-9)$$

则在旁峰 $x=L_{z1}$ 处，其导数为 0，即

$$f^1(L_{z1})=B_z^2(L_{z1})=0 \quad (2-10)$$

同理对于 $B_z(x)$ 各阶微分有

$$\begin{cases} B_z^2(L_{z1})=0 \\ B_z^4(L_{z3})=0 \\ B_z^6(L_{z5})=0 \end{cases} \quad (2-11)$$

根据式（2-7），若省略其无穷小项 $o\left\{\sum\limits_{i=1}^{2}\left[\mathrm{d}(\sin\varphi_i)/\mathrm{d}x\right]\right\}$ ，则式（2-11）可写作

$$
\begin{cases}
-\dfrac{\mu I}{2\pi}\dfrac{L_{z1}(3h^2-L_{z1}^2)}{(h^2+L_{z1}^2)^3}(\sin\varphi_1+\sin\varphi_2)=0 \\[3mm]
\dfrac{6\mu I}{\pi}\dfrac{L_{z3}(5h^4-10L_{z3}^2h^2+L_{z3}^4)}{(h^2+L_{z3}^2)^5}(\sin\varphi_1+\sin\varphi_2)=0 \\[3mm]
-\dfrac{180\mu I}{\pi}\dfrac{L_{z5}(7h^6-35L_{z5}^2h^4+21L_{z5}^4h^2-L_{z5}^6)}{(h^2+L_{z5}^2)^7}(\sin\varphi_1+\sin\varphi_2)=0
\end{cases}
\tag{2-12}
$$

式中的变量电流 I 和角度量（$\sin\varphi_1+\sin\varphi_2$）不为零，可见埋设深度 h 和主—旁峰的距离呈线性关系，对其进行化简得埋设深度。计算公式为

$$
\begin{cases}
h\approx0.5774L_{z1} \\
h\approx1.3765L_{z3} \\
h\approx2.0764L_{z5}
\end{cases}
\tag{2-13}
$$

同理，对于水平分量可得

$$
\begin{cases}
h\approx L_{x2} \\
h\approx1.732L_{x4} \\
h\approx2.4181L_{x6}
\end{cases}
\tag{2-14}
$$

对于上述模型参数，采用不同的计算方法对其计算结果进行分析，埋设深度计算方法对比见表 2-2。从中可以看出，以主—旁峰距离直接进行深度计算误差很小，且微分阶数越高，理论误差越小。

表 2-2   埋设深度计算方法对比

函数	主—旁峰距离 L/m	深度值 h /m	真实深度/m	误差 /%
$B_z^1(x)$	1.7059	0.9850	1.00	1.5
$B_z^3(x)$	0.7330	1.0090	1.00	0.8
$B_z^5(x)$	0.4845	1.0060	1.00	0.6
$B_x^2(x)$	0.9900	0.9900	1.00	1.0
$B_x^4(x)$	0.583	1.0097	1.00	0.97
$B_x^6(x)$	0.412	0.9962	1.00	0.48

但是，在实际应用中，微分阶数越高，旁峰数量越多，且最大旁峰与主峰距离越小，造成系统的偶然误差比例越大，故只考虑上述六种微分方法。

2.2 接地网磁场拓扑结构重构方法

运用磁场微分法进行接地网拓扑结构重构首先需要选取一条引下线为坐标原点，

并根据变电站走向和布局建立坐标系；然后沿着 x 轴和 y 轴进行磁场测量，并进行微分计算，定位与 x 轴和 y 轴相交的支路；进一步沿着 x 轴或 y 定位是否有其他漏测支路并排除伪支路，最终得到整个接地网的拓扑结构。

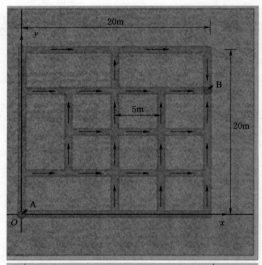

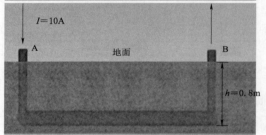

为验证磁场微分法在变电站接地网拓扑结构检测中的可行性，设计了接地网拓扑重建仿真模型作为算例，如图 2-6 所示，使用有限元分析软件 COMSOL Multiphysics 4.4 的 AC/DC 模块对其进行仿真分析，计算其注入电流后的磁场分布，利用微分法完成其拓扑结构的重建。

在图 2-6 的接地网模型中，接地网导体横截面尺寸为 0.5m×0.02m，接地网规模为 20m×20m，网格间距等于 5m，在单层土壤中埋藏深度 $h=0.8$m，令 $I=10$A 的直流电流从引下线导体 A 注入，并通过导体 B 流出（忽略泄漏到土壤中的电流）。取引下线 A 的位置为坐标原点，取地表面为坐标轴的 $x—y$ 面。

根据变电站的布局可以判断接地网支路走向，对应到该模型即可以初步判断 x 轴和 y 轴上存在的接地网支路。因此可以利用磁场微分法，测量 x 和 y 轴上的地表磁场分布，并对其进行一阶微分，

图 2-6 接地网拓扑重建仿真模型

从而得到支路信息，其结果如图 2-7 所示。

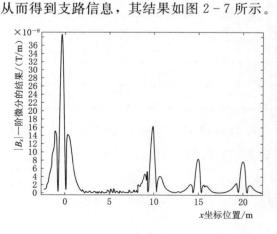

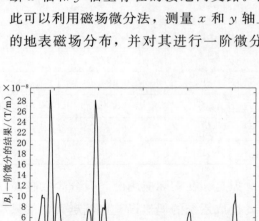

图 2-7 标轴上方磁场微分结果

可以看出，计算结果在 x 轴（l_1）和 y 轴（l_2）上各有四个峰值，分别对应存在方向与其垂直的支路。利用上述两组磁场数据，初步得到接地网拓扑结构，即为图 2-8 中的 4×4 网格。

沿着图 2-8 中接地网格的其他支路继续开展磁场测量，可以进一步完善与验证接地网各支路的分布情况。例如，首先确定（0，5）节点处平行于 x 轴支路上的其他节点，即在第二次测量示意图［图 2-9（a）］中沿直线 l_3 上的磁场分布，图中实线表示当前判断的接地网导体结构，l_3 在地表面上且正对下方的导体。

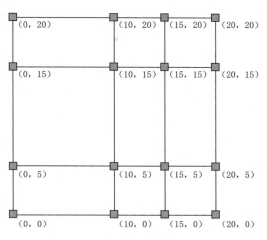

图 2-8　初步判断接地网拓扑

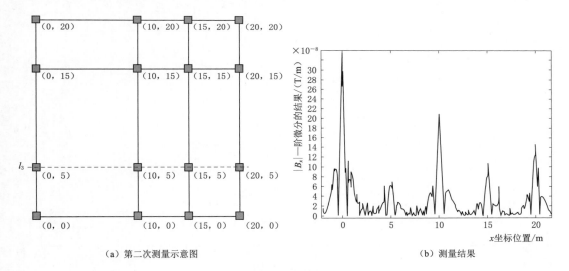

（a）第二次测量示意图　　　　（b）测量结果

图 2-9　线 l_3 的微分法计算结果

对测得磁场求微分，结果如图 2-9（b）所示。由此可以判断该支路上有五个节点，其中四个与图 2-6 中初步建立的模型一致，而在 $x=5m$ 处发现了新的支路。因此，修改模型如图 2-10 所示。

同理，为了进一步完善拓扑结构检测，测量图 2-11（a）中的 l_4 和 l_5 上的磁场分布，其微分结果如图 2-11（b）和（c）所示。

可见沿 l_4 有五个峰值即五个支路节点，且与 l_3 的节点一一对应，而沿着 l_5 只有三个节点，根据这两组数据修改接地网拓扑结构，如图 2-12 所示。

通过对平行于 x 轴的测量线进行测量，将垂直于 x 轴的所有支路都进行了准确检

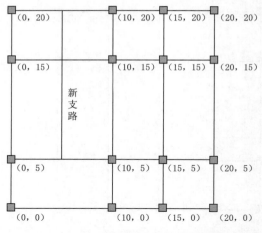

图 2-10　第二次测量得到的接地网结构

测，同理沿着平行于 y 轴的测量线进行上述方法的接地网支路检测，可以得到完整的接地网模型结构示意图，如图 2-13 所示。这与仿真模型中设定的接地网拓扑结构一致，验证了用磁场微分法进行拓扑结构检测的准确性。

为了进一步验证磁场微分法对接地网深度的探测结果，测量一条支路上方的磁场，并进行三阶微分运算，得到的结果如图 2-14（a）所示，最终计算得出导体埋深为 0.789m，与仿真设置基本一致，导体埋深示意图如图 2-14（b）所示。

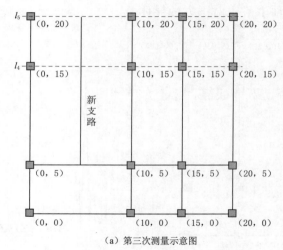

（a）第三次测量示意图

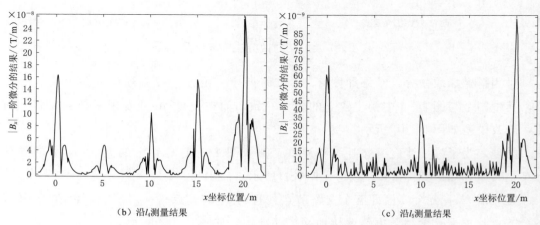

（b）沿 l_4 测量结果

（c）沿 l_5 测量结果

图 2-11　沿线 l_4 和 l_5 的微分法计算结果

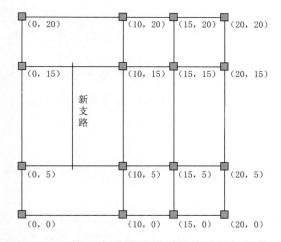

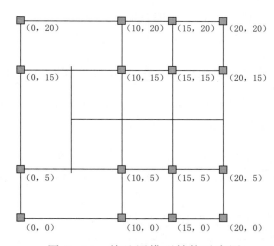

图 2-12　第三次测量后得到的接地网拓扑结构　　　图 2-13　接地网模型结构示意图

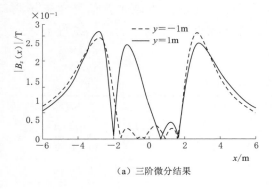

（a）三阶微分结果

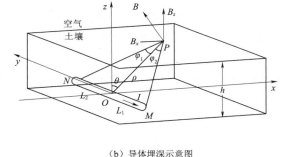

（b）导体埋深示意图

图 2-14　接地网深度探测结果

2.3　拓扑结构检测装置设计与实现

　　要进行基于磁场微分法的接地网拓扑结构检测，需要对接地网地表的磁场进行精确测量。考虑到变电站特殊的电磁环境，目前市面上难以找到满足磁场微分法工程实际的磁场测量仪器，因此开发了具有抗干扰能力强、测量精度高的磁场测量装置，以满足接地网拓扑结构检测的实际工程需要。

2.3.1　多层嵌入式线圈磁场传感器设计

2.3.1.1　磁场传感器需求分析

　　为了保证变电站的安全稳定运行，在进行接地网的不断电检测时，注入的电流不能过大；同时考虑系统装置中设计的交流激励电流源的输出电流幅值为1A，现计算向接地网中注入幅值为1A、频率为1kHz的交流激励源所产生的感应磁场的大小，即计算被测目标磁场信号的大小。

根据电磁场的基本理论可知,对于一根无限长的载流直导线,在其周围空间产生的磁感应强度 $B = \dfrac{\mu_0 I}{2\pi\rho}\mathbf{e}_\phi$,$\mu_0 = 4\pi \times 10^{-7}\,\mathrm{H/m}$。结合实际接地网导体所埋设的深度以及现场测量距离地表高度的可行性,不考虑其他因素,分析被测目标磁场信号的范围见表 2-3。

表 2-3 被测目标磁场信号的范围

电流幅值大小/A	距离导体测量距离/m	感应磁场大小/T
1.0	0.5	1.2×10^{-5}
1.0	1.5	4×10^{-6}
1.0	3.0	2×10^{-6}

在设计系统检测装置的磁场测量传感器时,变电站现场的电磁干扰信号对磁场测量传感器的抗干扰能力设计起着决定性的作用。在查阅和参考现有文献的基础上,统计得出国内主要不同等级变电站的电磁环境,见表 2-4。

表 2-4 国内不同等级变电站电磁环境

变电站等级	磁感应强度水平分量最大值/μT	磁感应强度垂直分量最大值/μT	最大合成磁感应强度/μT	主要磁感应强度范围/μT
110kV	6.34	6.68	8.23	0.01~1.0
220kV	38.9	40.4	56.1	1.0~10.0
500kV	13.23	9.58	16.33	1.0~10.0

从表 2-4 可以看出,各个主要等级变电站的磁感应强度的最大值基本上处在 $10^{-6} \sim 10^{-5}\,\mathrm{T}$ 之间,主要的磁感应强度范围在 $10^{-8} \sim 10^{-6}\,\mathrm{T}$ 之间。根据对被测目标磁场信号大小的分析可知,变电站现场的这些固有磁场干扰信号大小是被测目标磁场信号大小的 100~1000 倍,这对磁场信号的测量将是一个很强的干扰因素。

另外,根据文献可知,变电站的工频及其奇次谐波电磁干扰在检测线圈上产生的感应电压能够达到 $10^{-1}\,\mathrm{V}$ 级别,工频电磁干扰比工频奇次谐波干扰信号要强很多,工频奇次谐波干扰在 850Hz 之后就迅速衰减变小。变电站电磁环境如图 2-15 所示。

根据对变电站现场的电磁干扰信号的分析可知,由于变电站现场固有的磁感应强度的大小比所需要的被测磁感应强度大小要大 100~1000 倍,导致信号的信噪比很小,因此对所采用的磁场测量传感器的滤波能力、抗干扰能力以及信号提取能力有较高的要求。

根据变电站工频奇次谐波干扰的特征,为了尽可能地避开工频奇次谐波干扰较强的频段,所采用的交流激励电流源的频率应该大于 850Hz。

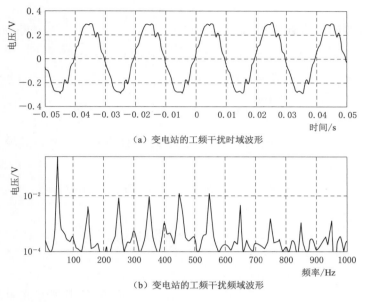

（a）变电站的工频干扰时域波形

（b）变电站的工频干扰频域波形

图 2－15　变电站电磁环境

2.3.1.2　磁场测量线圈传感器设计

此处将采用基于多层嵌入式线圈的磁场测量传感器进行系统装置的磁场测量传感器模块的设计与实现。磁场测量传感器的组成结构如图 2－16 所示。磁场测量传感器主要由 PCB 绕制检测线圈和带通滤波放大电路两部分组成，感应电压信号通过射频线输出。

磁场测量示意图如图 2－17 所示，在接地网导体埋设位置的检测过程中，需要向接地网注入一个幅值和频率一定的交流激励电流。假设交流激励电流的频率为 f_c，该交流电流在接地网的上方空间会产生一个频率为 f_c 的感应磁场 $\boldsymbol{B}$。将设计的磁场测量线圈置于接地网上方，线圈与磁场方向的夹角为 θ。

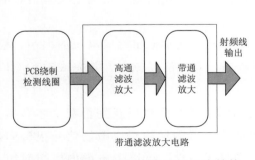

图 2－16　磁场测量传感器的组成结构

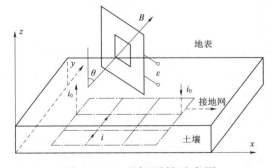

图 2－17　磁场测量示意图

接地网上方产生的感应磁场为 $\boldsymbol{B}$，幅值为 B_m，则有

$$\boldsymbol{B} = B_m \sin(2\pi f_c t) \tag{2-15}$$

此时，穿过线圈的有效磁通量 $\boldsymbol{\Psi}$ 为

$$\boldsymbol{\Psi} = NSB\cos\theta = NSB_m \sin(2\pi f_c t)\cos\theta \tag{2-16}$$

在检测线圈上产生的感应电动势 ε 为

$$\varepsilon = \frac{\mathrm{d}\boldsymbol{\Psi}}{\mathrm{d}t} = 2\pi f_c NSB_m \cos(2\pi f_c t)\cos\theta \tag{2-17}$$

将该线圈的输出接入到一个通带增益为 A 的带通滤波器之后，其输出感应电压 v_o 为

$$v_o = A\varepsilon = 2\pi f_c NSB_m A\cos(2\pi f_c t)\cos\theta \tag{2-18}$$

令

$$k = 2\pi f_c NSA \tag{2-19}$$

则有

$$v_{om} = kB_m \cos\theta \tag{2-20}$$

也就是说

$$B_m = v_{om}/(k\cos\theta) \tag{2-21}$$

式中　v_{om}——输出感应电压的幅值；

$\quad\ B_m$——接地网上方激励电流的感应磁场幅值；

$\quad\ k$——常值比例系数；

$\ \cos\theta$——线圈与磁场方向的夹角。

当已知磁场的方向时，可以令 $\theta = 90°$，此时有

$$B_m = v_{om}/k \tag{2-22}$$

检测线圈经过带通滤波放大器后的输出感应电压幅值 v_{om} 与感应磁场的幅值 B_m 呈线性关系，且两者都是正弦波形，频率相同。因此，可以通过测量磁场在线圈上的感应电压输出来间接测量磁场信号的大小；同时也可以根据感应电压的频率特性反推磁场信号的频率特性。由于两者呈线性关系，理论上利用线圈测量磁场会具有很好的准确性。

如果当磁场方向未知，可以通过旋转线圈的方式来观察输出感应电压的大小，根据感应电压最大时线圈方向的垂直方向为磁场方向，确定磁场方向，并完成对磁场信号的测量。

检测线圈的磁场测量灵敏度和分辨率与线圈的面积、匝数以及是否有铁芯有关。在基于磁场法的变电站接地网导体埋设位置检测中，所测量的感应磁场信号很微弱，一般只有 $10^{-9} \sim 10^{-7}\,T$。为了增加检测线圈的测量灵敏度，可以考虑增加线圈面积、匝数和铁芯截面积。而增加线圈面积会使磁场测量的分辨率降低，无法确认所测量的磁场是哪个点的磁场；增加铁芯会使得整个系统检测装置的组装和集成很不方便。

线圈的每一层与上下层的导线通过过孔首尾衔接，保证导线的走向一致，实现线圈的同向和均匀绕制；同时线圈的表层和底层预留出信号的注入和流出端焊盘，焊盘处于锯齿的突出部分，使线圈与线圈之间能够级联叠加。

以 4 层板为例，PCB 线圈结构示意图如图 2-18 所示，其中 a、b、c 为过孔，p 为表层的信号注入端焊盘，q 为底层的信号流出端焊盘。各层的导线位置在垂直于线圈平面的方向上重合，避免不同层之间的涡流产生。线圈各个边上的通孔为线圈之间级联叠加的固定孔，也可用作外接导线的过孔。

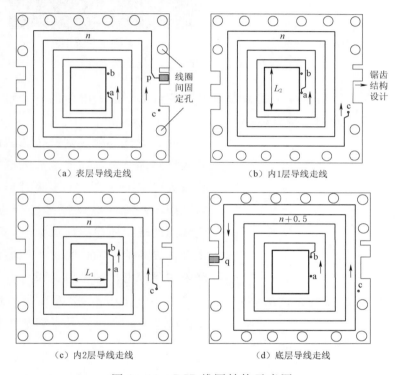

（a）表层导线走线　　　　　　　　（b）内1层导线走线

（c）内2层导线走线　　　　　　　　（d）底层导线走线

图 2-18　PCB 线圈结构示意图

设线圈的矩形空心边长为分别为 L_1 和 L_2，单层线圈的匝数为 n，则整个线圈的有效面积为 $S = L_1 L_2$，线圈的有效匝数 $N = 4n + 0.5$。

在磁场测量时，可以根据被测磁场的大小，调整线圈的单层设计匝数 n 与线圈的有效面积 S，其中线圈的有效面积 S 只能做微小的调整。另外，在单层线圈匝数 n 固定不变的情况下，可以通过线圈的级联叠加来增加整个探测线圈的匝数 N。线圈的级联叠加方式采用锯齿交错向上叠加，锯齿设计结构如图 2-18 中左右两边所示。

为了提高线圈磁场测量传感器的抗干扰能力，确保检测线圈在实际的测量过程中只有线圈的空心部分能够有磁场通过，并且产生感应电压，在线圈的表层和底层分别加上两块屏蔽层 PCB 板，屏蔽层 PCB 板的结构设计如图 2-19 所示。

在线圈的叠加过程中，屏蔽层的上下两层都接地。底层屏蔽层与底层的线圈相连

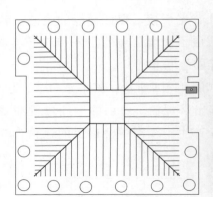
（a）屏蔽层结构草图

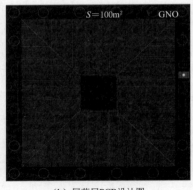
（b）屏蔽层PCB设计图

图 2-19　屏蔽层 PCB 板的结构设计

接，表层的屏蔽层作为信号输出的参考地，连接到滤波放大电路的一个输入端，另一个输入端与表层的线圈相连接。

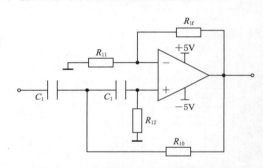

图 2-20　单级二阶高通滤波器电路

　　此处设计的磁场测量传感器的带通滤波放大电路部分由高通滤波放大电路与带通滤波放大电路串联成一个多级带通滤波放大电路，用于对感应电压信号进行滤波和放大，使线圈的输出感应电压放大到一个可测量的量级，提高信号的信噪比。高通滤波放大电路采用压控电压源型电路设计，其截止频率设计为 10～20 Hz，单级二阶高通滤波器电路如图 2-20 所示，其具有放大倍数易调的特点。

　　该滤波器的参数分别为：截止频率 $f_0 = \dfrac{1}{2\pi R_{10} C_1}$，通带放大倍数 $A_{up} = 1 + \dfrac{R_{1f}}{R_{11}}$。通过调整 R_{1f} 与 R_{11} 的值，能够方便调整通带的放大倍数且不影响通带范围。

　　高通滤波放大电路的功能有：

　　（1）变电站的工频干扰很强，直接采用工频陷波或者带通滤波无法滤除完全，需采用截止频率很低（此处所采用的截止频率为 10～20 Hz）的高通滤波电路首先对其进行一定倍数的衰减，然后通过带通滤波器将其滤除干净。

　　（2）通过前端的高通滤波放大电路来对整体的带通滤波电路的通带放大倍数进行微调，来实现对放大倍数的精确设计。

　　带通滤波放大电路采用压控电压源型电路设计，其中心频率与交流激励电流源的频率一样。单级带通滤波器电路如图 2-21 所示，其具有带通容易确定的特点。

　　该带通滤波器的参数分别为：

中心频率：$f_0 = \dfrac{1}{2\pi}\sqrt{\dfrac{1}{R_{22}C_2^2}\left(\dfrac{1}{R_{21}}+\dfrac{1}{R_{23}}\right)}$，

通带带宽：$f_{BW} = \dfrac{1}{C_2}\left(\dfrac{1}{R_{21}}+\dfrac{2}{R_{22}}-\dfrac{R_{2f}}{R_{23}R_{24}}\right)$，通

带增益（通带放大倍数）：$A_{up} = \dfrac{R_{24}+R_{2f}}{R_{24}R_{21}C_2B}$，

品质因数：$Q = \dfrac{f_0}{B_w}$。

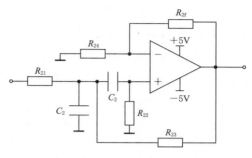

图 2-21　单级带通滤波器电路

通过后级的带通滤波放大，确定整体带通滤波电路的通带范围，实现对感应电压信号的多级放大。

2.3.1.3　磁场测量传感器性能测试与分析

为了测试磁场测量传感器测量数据的准确性，定制一组有微小开口和两个平行引出线的圆形导线，利用标准交流激励源 XJ-IIB 将幅值为 1A、频率为 1kHz 的交流电流通过平行引线注入此圆形导线形成的一个圆形载流回路；同时也将输出的交流电流作为锁相放大芯片 AD630 的参考信号输入（后面的抗干扰能力测试将会用到，准确性测试的时候可不用），采用 4 块 4 层 PCB 矩形空心线圈级联叠加组成磁场测量系统的线圈部分，线圈的输出端接带通滤波电路、锁相放大电路和示波器进行测试。测试过程中，线圈平面与圆形载流回路平面平行且线圈的中心与圆形回路的轴线重合；即通过线圈测量圆形载流回路轴线上的磁感应强度。改变圆形载流回路的半径 a，利用示波器记录测量得到感应电压幅值大小，通过测量线圈输出的感应电压的大小来反映圆形载流回路轴线上的磁场大小，并与理论值进行对比，进而验证磁场测量传感器所测试数据的准确性。准确性测试时不加锁相放大电路。磁场测量传感器的准确性测试示意图如图 2-22 所示。

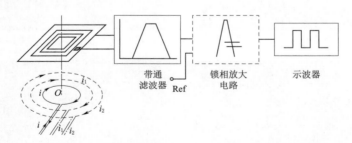

图 2-22　磁场测量传感器准确性测试示意图

根据电磁场的相关理论，可以计算半径为 a 的圆形载流回路中心轴线上的磁感应强度 B_m 的幅值大小为

$$B_m = \dfrac{\mu_0 I}{2a} \tag{2-23}$$

当圆形载流回路的半径远大于线圈的尺寸时，可近似认为磁场测量传感器测量的就是圆形载流回路轴线上的磁感应强度 B 的大小。

测试所采用的磁场测量传感器的参数分别为：磁场测量线圈的面积 $S = 10\text{mm} \times 10\text{mm}$，单个线圈的匝数为 $N = 192.5$，带通滤波器的通带增益 $A = 400$，中心频率为 $f_0 = 1\text{kHz}$，通带范围为 $500 \sim 1700\text{Hz}$。

根据式（2-18），带入磁场测量传感器的各个参数，可得 $k = 2\pi f_c \times 4NSA = 1.94 \times 10^5$

此时有

$$v_{\text{om}} = kB_{\text{m}} = \frac{k\mu_0 I}{2a} = \frac{1.94 \times 10^5 \times 4\pi \times 10^{-7}}{2a} \tag{2-24}$$

测试过程中，分别改变圆形载流回路半径 a 的大小，使 $a1 = 5\text{cm}$，$a2 = 10\text{cm}$，$a3 = 15\text{cm}$，$a4 = 20\text{cm}$，$a5 = 25\text{cm}$。利用示波器记录磁场测量传感器的感应电压输出数值，并与理论值相比较，得出磁场测量传感器的测量误差。示波器记录的感应电压波形图如图 2-23 所示，其中通道 1 的正弦波形表示的是示波器所记录的磁场测量传感器输出的感应电压波形，通道 2 的波形所表示的是作为参考信号的交流激励电流波形。将示波器所记录的感应电压波形幅值读出来，可得到理论值与测量值及其误差，见表 2-5。

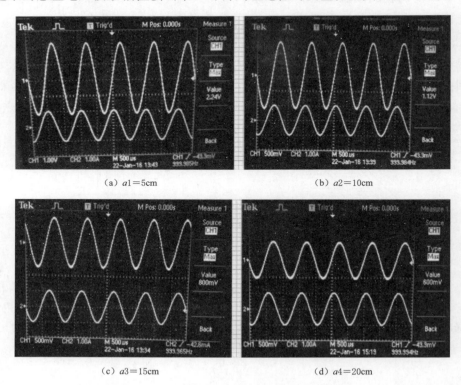

(a) $a1 = 5\text{cm}$　　　　　　　　　　(b) $a2 = 10\text{cm}$

(c) $a3 = 15\text{cm}$　　　　　　　　　　(d) $a4 = 20\text{cm}$

图 2-23（一）　感应电压波形图

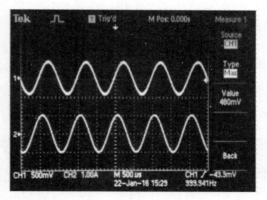

（e）$a5=25\text{cm}$

图 2-23（二）　感应电压波形图

表 2-5　　　　　　　　　　　理论值与测量值及其误差

	圆形载流回路半径 a				
	$a1$	$a2$	$a3$	$a4$	$a5$
理论磁场大小 $B/\mu\text{T}$	12.6	6.28	4.19	3.15	2.51
感应电压理论值 v_{om}/V	2.44	1.22	0.813	0.609	0.488
感应电压测量值/V	2.24	1.12	0.800	0.600	0.480
测量误差/%	8.20	8.20	1.60	1.48	1.64

从表 2-5 中的数据可以看出，磁场测量传感器的磁场测量误差在 10％以内。当圆形载流回路的半径较小时，由于线圈与载流环的尺寸相当，导致其测量误差较高；当圆形载流回路的半径 $a\geqslant15\text{cm}$ 时，磁场测量传感器的测量误差迅速降低，达到 1.5％左右，具有较高的精度。

按照相同的测量方法，通过增加线圈的级联叠加个数和增加滤波放大电路的放大倍数 A，磁场信号的测量精度可以达到纳特（nT）级别。

为了更直观地反应磁场测量传感器的测量准确性，绘制出输出感应电压与磁感应强度的线性曲线图，如图 2-24 所示。

检测装置的抗干扰能力由磁场测量传感器的滤波电路和锁相放大电路共同构成。通过多个圆形载流回路的磁场测

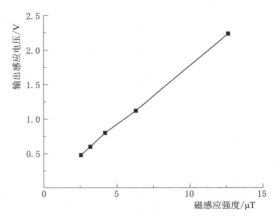

图 2-24　磁场测量传感器的输出感应电压与磁感应强度的线性曲线图

量实验,在磁场测量传感器模块后面加上锁相放大电路,验证磁场测量传感器的抗干扰能力。

将半径为 $a=25\text{cm}$ 的圆形导线通入幅值0.1A、频率1kHz的交流电流形成一个圆形载流回路,并将其轴线上的磁场作为被测目标磁场信号,同时在其内部分别放置两组半径不同的圆形载流回路作为干扰信号源。所有圆形载流回路的中心轴线重合,干扰回路中分别通有不同于0.1A、1kHz的交流电流。干扰能力测试如图2-25所示。

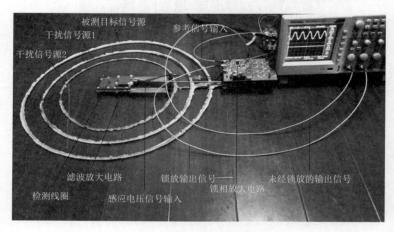

图2-25 干扰能力测试

半径 $a=25\text{cm}$ 的单个圆形载流回路的被测目标感应电压信号的准确测量值为0.048V。

多次改变作为干扰信号源的圆形载流回路中的电流幅值大小和频率大小,得到的磁场测量结果见表2-6。

表2-6 实验方案及测量结果

信 号 类 型		$B/\mu\text{T}$	频率/Hz	测量值/V	误差/%
被测信号		0.251	1000	0.048	—
干扰信号组1	干扰1	20	50	0.044	8.33%
	干扰2	4.19	1500		
干扰信号组2	干扰1	4.19	800	0.046	4.17%
	干扰2	6.28	1500		
干扰信号组3	干扰1	6.28	800	0.045	6.25%
	干扰2	12.6	1500		

从表2-6中的测试数据可以看出,当被测目标磁场信号周围存在干扰磁场信号时,磁场测量传感器能够有效抑制干扰,比较准确地将被测目标磁场信号提取出来,误差不超过10%,具有较高的精度。

根据上述磁场测量传感器的性能测试实验，表明基于多层可级联的 PCB 空心线圈磁场测量传感器具有较高的测量精度，能够从复杂的电磁干扰环境中提取出微弱的被测信号，具有较好的性能，能够满足变电站现场的注入幅值 1A、频率 1kHz 的交流激励电流所产生的感应磁场的测量需求。

2.3.2　拓扑结构检测装置整体设计

磁场测量单元是整个检测装置的主要模块，结合其他模块，根据系统装置模块化设计原则，系统装置整体结构图如图 2-26 所示。系统装置包括交流激励电流源模块、磁场测量传感器模块、通道控制模块、锁相放大模块、同步采集模块、数据处理显示模块和主控制模块。系统装置的工作原理与过程如下。

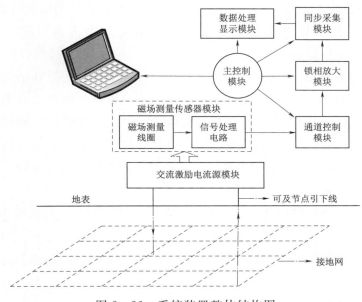

图 2-26　系统装置整体结构图

系统装置通过交流激励电流源模块与接地网的任意两个可及节点引下线连接，向接地网中注入一个特定频率的交流激励电流，并在接地网上方产生一个感应磁场；然后利用磁场测量线圈将注入接地网的交流激励电流所产生的感应磁场转化为感应电压信号；感应电压信号经过信号处理电路，对由磁场测量线圈得到的感应电压信号进行放大滤波处理；处理后的信号被送入通道控制模块，由通道控制模块对处理后的感应电压信号进行通道控制和选择；经过选择的感应电压信号被送入锁相放大电路模块进行进一步的滤波处理，滤除多余的电磁干扰信号，同时对感应电压信号做进一步的提取。

至此，原始的感应磁场信号被转化为感应电压信号并经过滤波和放大处理，得到了能够被数据采集芯片所采集的信号。然后利用同步采集模块对这些信号进行同步采集和存储；最后利用数据处理显示模块对所存储的数据进行分析计算和图像显示；所存储的数据能够通过通信总线传输或者以 SD 卡存储拷贝的形式送到上位机，利用上位机中的软件对数据做最终的处理，绘制出接地网的拓扑结构图形。系统装置的主控制模块通过 RS485 通信总线与通道控制模块、锁相放大模块、同步采集模块和数据处理显示模块连接，用于协调和控制各个模块的正常工作，并对整个检测系统进行通信控制。

1. 交流激励电流源模块

交流激励电流源作为系统装置的一个关键部分，采用 ARM 微控制器控制 DDS 芯片 AD9833 产生一个幅值和频率可调的正弦信号输出，然后通过功率放大电路对正弦信号进行功率放大，放大后的信号加载到精密功率电阻两端，产生正弦交流激励电流输出。根据现场磁场测量的要求，交流激励电流输出具有良好的稳定性，输出幅值 $0\sim 1A$ 可调，默认为 $1A$；输出频率 $0\sim 2kHz$ 可调，默认为 $1kHz$。

2. 磁场测量传感器模块

磁场测量传感器模块作为连接系统测量装置和接地网感应磁场的关键部分，其测量数据的准确性和可靠性在很大程度上决定着系统装置的整体测试效果。磁场测量传感器模块包括磁场感应线圈和信号处理电路两个部分，磁场感应线圈感应交变磁场产生感应电压，信号处理电路对感应电压信号进行滤波和放大，使信号达到可以测量的水平。磁场感应线圈为 PCB 绕制线圈，信号处理电路为带通放大电路。

3. 通道控制模块

系统装置采用 8×2 的磁场传感器阵列，对感应磁场数据进行测量和采集，一次测量可以得到 16 个感应电压信号。通道控制模块由微控制器编程控制，可以任意选择打开或者关闭感应电压的输入和输出通道，实现对 16 路磁场测量传感器输出感应电压信号的测量和采集。

4. 锁相放大模块

由磁场测量传感器输出的感应电压信号往往存在着未滤除干净的工频奇次谐波干扰信号，而且经过放大的感应电压信号幅值也只能达到 $0.1\sim 1mV$ 级别，此时需要利用锁相放大电路对存在干扰信号的小信号进行提取，将其从干扰信号中分离出来。

5. 同步采集模块

感应电压信号经过锁相放大模块后，已经得到所需的单一频率可采集信号，利用 4 通道同步采集模块对输入的感应电压信号进行同步采集。所采用的 A/D 芯片为 ADS1278。

6. 数据处理显示模块

完成对感应电压信号的同步采集后，利用数据处理显示模块对所采集得到的感应电压信号进行初步的处理并进行绘图显示，方便在实际测量过程中的测量方式调整优化以及观察测量结果。

7. 主控制模块

主控制模块通过 RS485 通信总线与通道控制模块、锁相放大模块、同步采集模块和数据处理显示模块连接，用于协调和控制各个模块的正常工作，并对整个检测系统进行通信控制。

考虑到变电站接地网的实际规模，要完成对接地网所有支路导体的埋设位置的检测，需要测量的磁场区域面积很大，为了增加磁场的测量效率，减小测量次数和测量时间，将磁场测量传感器模块组成一个阵列的形式，如图 2-27 所示。磁场测量传感器模块并排竖直固定在两块固定板上，每排 8 个，分 2 排放置，组成一个 2×8 的磁场测量传感器阵列。磁场测量传感器模块之间的水平间距为 5cm。

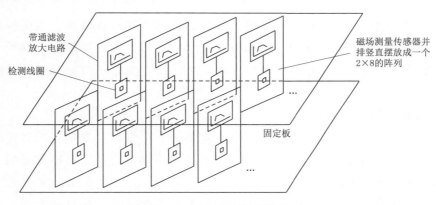

图 2-27　场测量传感器阵列

这样的组合方式，在一次测量过程中能够得到 16 个点的磁场信号，测量的长度可以达到 40cm。测量得到的 16 个磁场测量传感器模块的感应磁场的输出感应电压信号通过射频线与通道控制板的 16 个控制通道相连接。

在完成系统的分模块设计与功能实现并确定磁场测量传感器以 2×8 的阵列形式组合之后，进行系统装置整体的组装与调试工作。考虑系统内部各个模块可能会产生频率为 1kHz 的感应磁场，对磁场测量传感器进行目标信号的采集时产生干扰，将磁场测量传感器阵列作为一个独立的部分组合在一起，系统装置的其他模块组合成另一个独立的部分，两个部分再进行组合成一个完整的系统。系统装置的组装模型如图 2-28 所示。

从图 2-28 中可以看出，系统装置为左右结构。左侧为磁场测量传感器阵列部分，右侧为系统其他模块组合部分。左侧磁场测量传感器阵列采用上下两块板固定，每一排的磁场测量传感器对应一根尼龙支柱来支撑上下固定板，使得磁场测量传感器的固定非常牢靠，基本上不会发生抖动，保证了进行磁场测量时候的稳定性。右侧的其他模块采用叠加的形式组合，用于系统供电的锂电池位于最底层，接着是电源板，电源

图 2-28　系统装置的组成模型

板上面是交流激励电源板，板与板之间预留有足够的空间以备散热。系统装置采用左右结构的设计方法，后期考虑在两个部分中间加一个用于磁场屏蔽的硅钢片，这样的话就可以消除右侧各个功能模块所产生的感应磁场对左侧磁场测量传感器模块产生的干扰。

2.3.2.1　交流激励电流源设计

交流激励电流源是系统装置中的一个关键部分。根据相关文献中的研究结果，当激励电流频率在 0～2kHz 的时候，同一幅值的交流激励电流产生的感应磁场大小基本相同，当频率大于 2kHz 后，感应磁场大小急剧下降。另外，根据上文中对变电站现场电磁干扰信号的分析可知，为了尽可能避开工频奇次谐波干扰较强的频段，所用的交流激励电流源的频率应该大于 850Hz。

根据已有的研究结论，结合此处所设计的系统检测装置的需求，在满足现场磁场测量要求的基础上，交流激励电流源的频率默认为 1kHz 可调，幅值默认为 1A 可调。

交流激励电流源采用 ARM 微控制器 STM32F373RC 控制 AD 公司的直接数字频率合成（DDS）芯片 AD9833 信号发生器，芯片输出一个幅值为 300mV（AD9833 能输出的最大电压信号幅值的一半）的正弦波，然后分四路分别放大 10/3 倍、5/3 倍、1/3 倍和 1/30 倍，再通过 ARM 控制编程选择输出幅值为 1000mV、500mV、100mV 以及 10mV 的正弦波信号，其中 1000mV 信号增添外接接口，当作基准信号，用于同步信号采集；这四路正弦波信号经过一个 4 选 1 的模拟复用多通道开关芯片 ADG1206 后加到功率放大芯片 OPA561 上对信号进行功率放大处理，处理后的正弦波信号通过一个校准功率电阻后加载到一个精密电阻上产生交流激励电流源输出。交流激励电流源的产生原理框图如图 2-29 所示。

根据系统装置设计的参数要求，正弦波信号发生源选用 ADI 公司的直接数字频率合成芯片 AD9833，DDS 系统的参考时钟采用 10M 的有源晶振，可变增益放大电路部

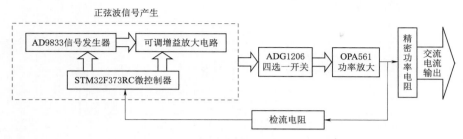

图 2-29　交流激励电流源产生原理框图

分由运算放大器构成的四路放大电路组成，多路模拟复用开关选用 ADG1604。正弦波信号发生电路的设计结构图如图 2-30 所示，其设计原理图如图 2-31 所示。

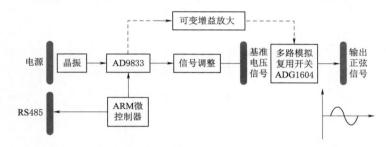

图 2-30　正弦波信号发生电路设计结构图

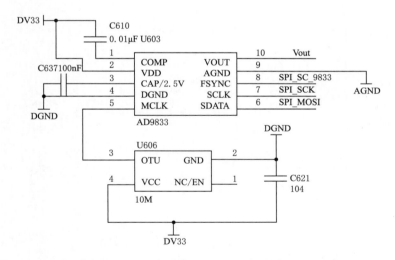

图 2-31　正弦波信号发生电路设计原理图

微控制器控制 AD9833 的管脚 Vout 输出正弦信号后，该信号经过四路由运算放大器组成的可变增益放大电路之后，再由微控制器编程控制多路模拟复用开关 ADG1604 选择其中的一路作为输出正弦信号。

完成硬件原理图设计之后，对 AD9833 进行编程，完成对其相位和频率的参数配置。AD9833 的编程控制程序流程图如图 2-32 所示。

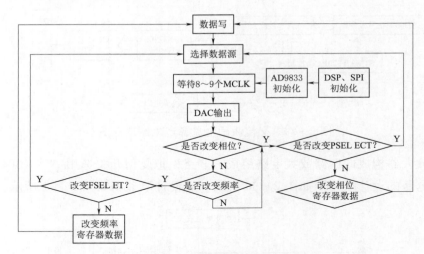

图 2-32　AD9833 控制程序流程图

在信号发生电路产生正弦波信号输出后，需要经过功率放大后才具备带载能力，功率放大电路是由功率放大芯片 OPA561 构成。

功率放大电路设计原理图如 2-33 所示。

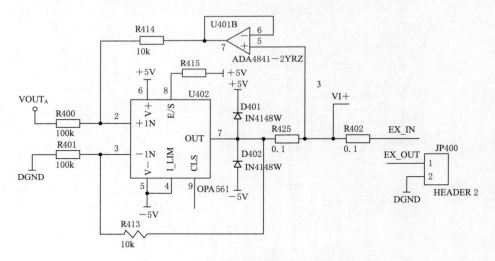

图 2-33　功率放大电路设计原理图

为了测试所设计激励源电路的带载能力，利用 MDO4034B-3 兴混合信号示波器，以 1Ω/10W 的精密功率电阻作为负载对激励源的波形进行测试，激励源示波器显示波形图如图 2-34 所示。

由示波器测得的波形可以直观看出，当负载为 1Ω 时，波形是一个频率为 1kHz，幅值为 1A 的交流正弦波，波形效果较好，表明该激励源装置可以有效驱动接地网导体负载，并且具有较好的输出稳定性。在正弦波中出现的一些尖刺脉冲信号，分析其原因，可能是由于电路中的开关电源高频自激振荡产生的。因为这些噪声频率都是兆赫兹级别，远高于所需正弦电流频率，在经过接地网导体后，其对目标磁场的分布结果产生的影响十分微弱，所以在后续的磁场采集装置中采用的多级带通滤波放大器也能有效滤除这些噪声信号。根据《接地装置特性参数测量导则》（DL/T 475—2017）规定，运行良好的变电站其接地电阻在 0.05Ω 以内，当接地电阻在 $0.05 \sim 0.5\Omega$ 之间时，说明接地网导通性能一般，需要对

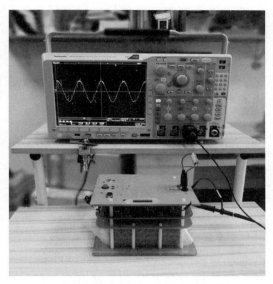

图 2 - 34　激励源示波器波形图

重要电力设备进行适当处理。当接地电阻大于 0.5Ω 时，表明接地网运行状况已经十分不理想，需要重点关注。当接地电阻大于 1Ω 时，可认为接地网无法正常对变电站人员和运行设备进行有效保护。在正常运行的变电站中，接地网的电阻一般达不到欧姆级别，因此本设计的激励源输出激励电流满足与接地网导体负载匹配要求。

2.3.2.2　磁场信号采集及处理电路设计

经由磁场测量传感器模块阵列输出的感应电压信号通过射频连接线被送入通道控制电路，通道控制电路由 16 路射频通道通过 16 选 1 的多路复用开关与微控制器的 I/O 口相连接，直接通过对微控制器编程实现对通道的控制和选择，实现对磁场感应电压信号的选择性输入。通道控制电路结构图如图 2 - 35 所示。

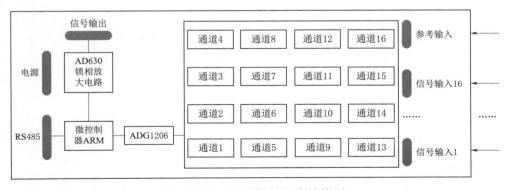

图 2 - 35　通道控制电路结构图

通过通道控制电路模块，能够任意控制所需要输入的信号通道，为实现磁场信号的同步采集奠定了基础。

感应电压信号经过磁场测量传感器模块的滤波放大电路之后，使输出信号达到 0.1～1mV 级别，但会夹杂着部分未滤除干净的工频奇次谐波信号，之后采用锁相放大电路对信号做进一步滤波和提取。

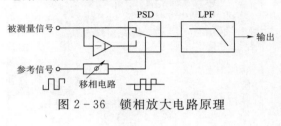

图 2-36 锁相放大电路原理

锁定放大是一种从干扰噪音中分离小窄带信号的方法，充当检测器和窄带滤波器，改善信噪比，能够在复杂电磁干扰环境下检测出非常小的被测目标信号。锁相放大电路的原理如图 2-36 所示。

被测量信号经过相敏检波器（phase sensitive detector，PSD）进行同步检波，实现频率变换。同时通过移相电路对参考信号进行相位调节，使被测信号与参考信号的频率和相位达到一致，再通过低通滤波器（low pass filter，LPF）实现对被测信号的提取和测量。

锁相放大电路采用高精度平衡调制器 AD630AR 芯片实现，内部有两路信号处理通道，含噪声信号的被测目标信号处理通道和参考信号处理通道。被测目标信号处理通道包括前置低噪声放大器、陷波器和放大器，实现对含噪声被测目标信号中的噪声信号的衰减和对被测目标信号的调谐放大。参考信号通道包括触发、移相和驱动功率放大电路，实现对参考信号的相位调节。AD630AR 芯片上应用电阻网络提供 ±1 和 ±2 的精密闭环增益，精度为 0.05%（AD630B）。锁相放大电路如图 2-37 所示。

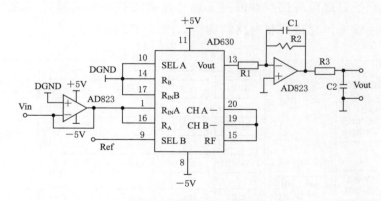

图 2-37 锁相放大电路

在被测目标信号的频率和相位特性已知的情况下，采用单路信号处理通道，另一路短接。被测信号 Vin 经过一个电压跟随器缓冲电路通过 $R_{IN}A$ 输入 AD630 芯片，参考信号由 SELB 端输入 AD630，输出端外接一个有源低通滤波器，通过微控制器编程控制选择 AD630 实现锁定放大功能，完成复杂干扰环境下的微小被测信号的测量和提取。

在测量接地网的感应磁场时，将注入接地网的交流激励电流输出作为锁相放大电路的参考信号输入。

感应电压信号经过锁相放大电路之后，得到了单一的能够被识别和采集的信号，然后这些信号通过射频线送入四通道同步采集电路进行同步采集。

同步采集模块未添加滤波模块，采集的信号为交流信号，采集信号前端串入一个小电容。输入为 16 通道端口电压和 1 通道电压基准信号（SMA 接口），输入信号经 5 片 16 通道选择器后，以通道 N（1～16）为参考节点，构建四路可变增益放大（选用芯片 AD8369ARUZ）。与 1 通道基准信号一起，通过差分转换（选用芯片 OPA1632），将五路信号送给高精度 A/D 转换器 ADS1278IPAPT，整个电路由 ARM 控制。该模块的通信接口为 RS485。采集模块结构图如图 2-38 所示。

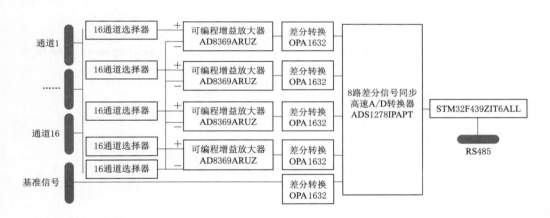

图 2-38　采集模块结构图

同步采集电路的微控制器选用 STM32F439ZIT6ALL，64Mbit SDRAM。模数转换器选用 ADS1278IPAPT，24 位同步八路模数转换器，最高采样速率 105.469ksps（高速采样模式）。

可变增益放大电路的设计电路原理图如图 2-39 所示。

可变增益放大器选用 AD8369ARUZ，放大倍数为 -5～$+40$dB（R_L=1kΩ），可变间隔为 3dB，放大倍数为数字量控制，输入信号为交流信号无直流分量，输出为交流的差分信号。

差分信号转换成差分信号采用 OPA1632D 差分运算放大器，供电电压为 ±5V，放大倍数为 1 倍，差分变换电路如图 2-40 所示。

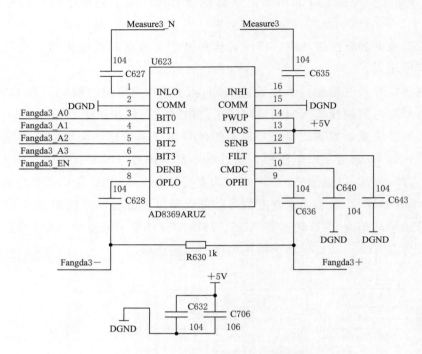

图 2-39　AD8369 电路设计原理图

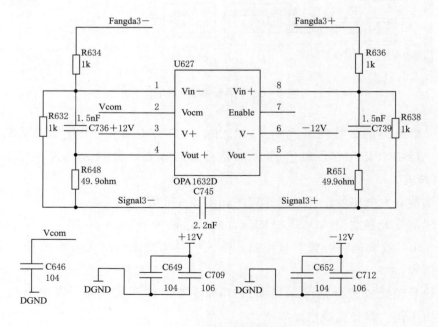

图 2-40　差分变换电路

2.4　磁场微分法接地网拓扑检测验证实验

2.4.1　实验室实验

为了验证磁场测量装置检测导体的有效性，利用圆钢导体制成的 2.4m×2.4m 的田字格网络进行测试。该网络总共由 4 个小格焊接而成，每个小格的长宽均为 1.2m。测试时，为了便于移动测量，将装置置于工作台上，采集装置距离导体垂直距离为 0.7m，测试示意图与现场图如图 2-41 所示。

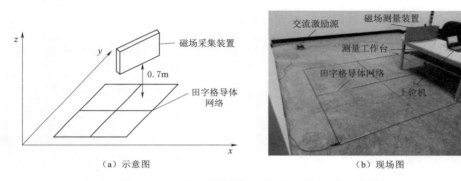

| （a）示意图 | （b）现场图 |

图 2-41　田字格网格导体测试示意图与现场图

测量时保持导体网格位置固定，建立空间直角坐标系，令导体四个定点坐标分别为 (0.4, 0.4, 0)、(0.4, 2.8, 0)、(2.8, 0.4, 0)、(2.8, 2.8, 0)。第一组测量时，将装置最左边与 (0.4, 0, 0.7) 对齐，另一端与 (0.4, 0.8, 0.7) 对齐且与导体网络所在平面垂直，测量与 x 方向平行的导体位置。测量时，每次将采集装置沿着 y 轴正方向平移 0.8m，测量四次，测量线为点 (0.4, 0, 0.7) 到点 (0.4, 3.2, 0.7) 之间的线段，总共测量 32 个空间点的磁场大小。同理，测量第二组数据，检测与 y 方向平行的导体位置，测量线为点 (0, 0.4, 0.7) 到 (3.2, 0.4, 0.7) 之间的线段，测量四次，共测量 32 个点的磁场大小。第一组和第二组测量点位置与磁场幅值大小的关系图如图 2-42 所示。由于测量区域有限，导致测量点的个数较少，因此利用 MATLAB 程序中的拟合函数进行数据拟合。

图 2-42 （a）中可以看出拟合曲线三个波峰点的横坐标分别为 0.45m、1.62m、2.91m，对应的导体位置横坐标分别 0.4m、1.6m、2.8m，误差分别为 0.05m、0.02m、0.11m；图 2-42 （b）中可以看出拟合曲线三个波峰点的纵坐标分别为 0.39m、1.88m、2.69m，对应的导体位置纵坐标分别 0.4m、1.6m、2.8m，误差分别为 0.01m、0.28m、0.11m。上述结果中，6 根导体的检测误差均小于 0.3m，可以较好地定位导体位置。分析误差出现的原因，可能是导体之间间距过小，导致相邻载

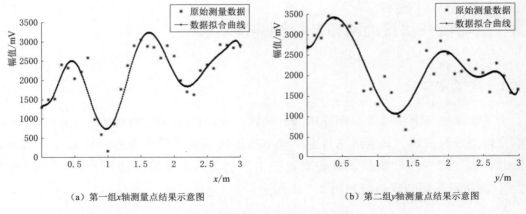

（a）第一组x轴测量点结果示意图　　　　（b）第二组y轴测量点结果示意图

图 2-42　测量点与幅值大小关系图

流导体产生的磁场相互影响作用较大，波峰出现位置由于磁场叠加作用出现偏差，但是误差也在允许范围之内。

2.4.2　变电站现场实验

基于上述研究内容，为了验证磁场微分法的实际应用效果，在变电站现场开展了接地网拓扑结构重构试验，其工作可主要总结为如下步骤：

（1）根据变电站的现场布局情况，设计测量方案。

（2）在当前测量路径上固定米尺，通过接地网引下线注入电流。

（3）使用测量装置沿路径依次测量，测量间隔为 0.1m。

以主要设备为参考记录测量位置，保存测量数据；运行分析软件，绘制拓扑结构。根据以上步骤，开展了 500kV 变电站的地网检测工作。

2.4.2.1　变电站接地网概况

2018 年 8 月 8—10 日，项目组在河南省郑州±800kV 换流站进行了接地网实测实验。该变电站设备区面积为 178356m²，长为 534m，宽为 334m。该变电站的水平接地网采用 40％导电率 185mm² 的镀铜钢绞线，埋设深度为 1.2m，垂直接地体为直径 17.56mm 的镀铜钢棒，支路间距为 10～15m。该换流站的布局图如图 2-43 所示。

2.4.2.2　数据测量方案

本次实验为了验证本装置在各种背景磁场下的检测效果，故分别选择直流设备场区和 500kV 交流设备场区进行了两组实验，测试区域如图 2-43 中加粗部分所示。

在所测量的直流场区，其接地网设计图纸的结构如图 2-44 所示，本次实验选择了节点 1 和节点 2 所示两处附近选取接地引下线，通过项目开发的激励电流源注入电流，以一节点为中心，分别沿图中 x 轴和 y 轴测量磁场数据。沿 y 轴测量现场实验如图 2-45 所示。

2.4.2.3　计算结果及分析

在正式测量前，首先在不加激励电流的情况下进行测量，测试设备在背景磁场下的

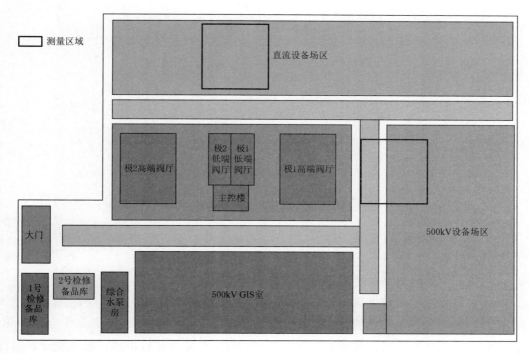

图 2-43　郑州 ±800kV 换流站布局图

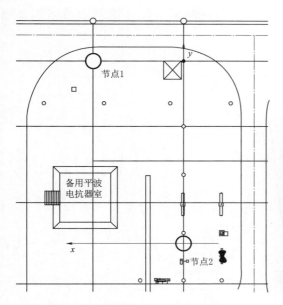

图 2-44　测量局部区域接地网设计图纸

图 2-45　沿 y 轴测量现场实验

抗干扰能力，其中单次现场抗干扰测试结果如图 2-46 所示。

结果显示，在 ±800kV 的直流场区，设备对背景磁场的敏感度很低。经多点重复测量证明传感器输出电压不大于 100mV，未超过传感器量程（2500mV）的 4％，可

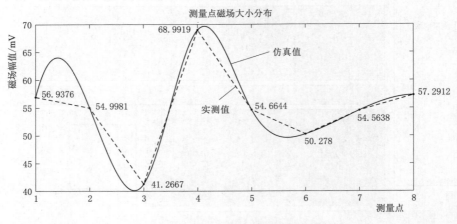

图 2-46 现场抗干扰测试结果

以验证设备抗干扰能力满足接地网导体定位需求。

按照前文所述的测量方案,沿 x 轴测量得到的测量结果如图 2-47 所示,该次测量距离为 16m,即共平移测量了 39 组数据,完成后又沿 x 轴负半轴测量了 3 组数据,每组数据包含 8 个测量点,传感器测量点间距 0.1m。可以分析得到,根据初步测量结果,对该区域的拓扑重构结果基本与施工图纸一致。进一步对分别平行于 x 轴和 y 轴的各支路测量,对该区域的拓扑进行重构,得到测量结果与设计图纸主要差别如图 2-48 中支路 1 和支路 2 所示。

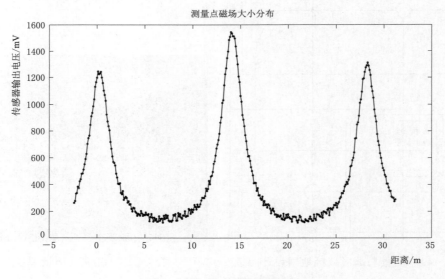

图 2-47 沿 x 轴测量结果

测试结果显示,未在支路 1 处测得相应接地体,现场对该部分进行开挖发现,该位置的接地网确实未与另一节点联通,开挖情况如图 2-49 所示。

对于支路 2，由于其连接的平波电抗器室在该位置处观察到有接地引下线，因此可以推断其下方有接地体与主网相连，装置在该位置的测量结果有效。

对图 2-47 所示的测量数据进行进一步的软件滤波和微分处理，得到的四阶微分计算结果如图 2-50 所示。

从图 2-50 可以看出，根据微分计算结果的主峰位置能够更加明显地判断导体位置，表 2-7 对微分法三根导体的峰值定位效果进行了分析。多次测试结果表明，磁场微分法的导体定位误差不超过 10cm，远小于设计图纸的参考尺寸与实际埋设误差。

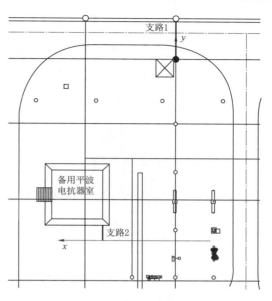

图 2-48　异常支路位置示意图

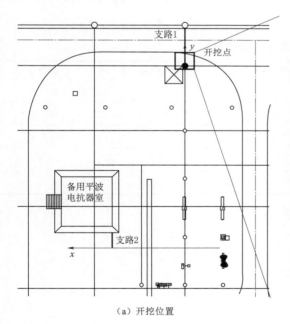

（a）开挖位置

（b）开挖实景

图 2-49　异常位置开挖结果

表 2-7　　　　　　　　　　微分法峰值定位效果

支路号	主峰位置/m	开挖测量结果/m	误差/m
1	0.25	0.20	0.05
2	14.12	14.04	0.08
3	28.24	28.20	0.04

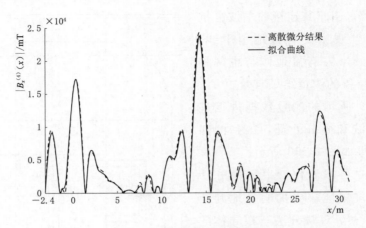

图 2-50 微分计算结果

  根据其微分的主—旁峰距离得到的深度检测结果见表 2-8。在现场对埋设深度进行了开挖测量,对比发现,埋深检测的效果受实际网格结构和地面平滑情况影响,存在一定波动,但由于同一接地网不同位置埋深变化不大,可通过多点测量求均值消除误差。

表 2-8   微分法深度检测结果

支路号	主—旁峰距离 L/m	深度计算值 /m	开挖测量结果 /m	误差 /%
1	1.94	1.46	1.25	17.3
2	1.75	1.32	1.25	5.8
3	1.48	1.12	1.25	10.5
均值	1.72	1.30	1.25	4.0

第 3 章

基于电阻率成像的接地网支路局部
缺陷诊断技术

接地网的支路发生断裂、腐蚀等局部缺陷时，缺陷部位分电阻率会增大，支路的电阻率分布成像能够对局部缺陷进行准确定位，结合生物医学中的电阻率成像方法对接地网支路的局部缺陷进行诊断定位，可实现接地网局部曲线的准确诊断。

3.1 接地网缺陷诊断算法模型

对接地网支路的电阻率分布进行成像分为正问题和逆问题，通过支路的电阻率分布求解引下线上的电位属于电磁场的正问题，而在已知引下线电位的情况下对支路的电阻率分布进行求解成像是典型的电磁逆问题。根据电磁场理论，接地网内源式 EIT 的正问题控制方程为

$$\nabla \cdot [\sigma \, \nabla \varphi] = \nabla \sigma \cdot \nabla \varphi + \sigma \cdot \nabla^2 \varphi = 0 \tag{3-1}$$

边界条件为

$$\varphi(x,y) = f(x,y)(x,y) \in \partial\Omega \tag{3-2}$$

$$\sigma(x,y)\frac{\partial \varphi(x,y)}{\partial v} = j(x,y)(x,y) \in \partial\Omega \tag{3-3}$$

式中　σ——成像场域电导率；

φ——接地网引下线电位；

j——引下线注入电流；

v——边界外法线方向单位值。

通过将式（3-1）～式（3-3）化为等效的变分求极值问题，再进行有限元离散，编程求解得到各个有限元剖分节点的电位值，即正问题的解。

接地网电阻率成像的逆问题是通过接地网引下线测量电位与注入的激励电流对场域的电阻率分布进行求解和成像。在逆问题的数学模型求解中，当存在一种电阻率使分布在电流激励下的引下线电位分布与实际中同一激励下引下线上的电位分布一致

时，此时的电阻率分布即为实际成像场域中的电阻率分布。

在实际工程中，由于测量误差的存在，数值求解得到的解不存在一种绝对准确的电阻率分布与实际场域一致。因此当正问题的解与实际测量引下线电位满足最小二乘时，认为此时的电阻率分布即为实际的电阻率分布，即逆问题的数学模型为

$$\min \quad E(\rho) = \| U(\rho) - V \|^2 \tag{3-4}$$

式中 定义 $E(\rho)$——正问题计算与测量数据的误差函数。

逆问题的求解是一个典型的非线性寻优问题，可通过牛顿-拉夫逊迭代算法进行求解。对式（3-4）用泰勒级数展开，则有

$$E(\boldsymbol{\rho}) = E[\boldsymbol{\rho}^k] + \frac{\partial E}{\partial \boldsymbol{\rho}} \boldsymbol{\rho}^k (\boldsymbol{\rho} - \boldsymbol{\rho}^k) + \frac{1}{2} (\boldsymbol{\rho} - \boldsymbol{\rho}^k)^\mathrm{T} \frac{\partial^2 E}{\partial \boldsymbol{\rho}^2} \boldsymbol{\rho}^k (\boldsymbol{\rho} - \boldsymbol{\rho}^{(k)}) + \cdots \tag{3-5}$$

忽略高阶项，求式（3-5）的最小值，$\boldsymbol{\rho}^{(k+1)}$ 作为下一次迭代解，则有

$$\frac{\partial \widetilde{E}}{\partial \boldsymbol{\rho}} \boldsymbol{\rho}^{(k+1)} = \frac{\partial E}{\partial \boldsymbol{\rho}} \boldsymbol{\rho}^k + [\boldsymbol{\rho}^{(k+1)} - \boldsymbol{\rho}^k] \in^\mathrm{T} \frac{\partial^2 E}{\partial \boldsymbol{\rho}^2} \boldsymbol{\rho}^k = 0 \tag{3-6}$$

求解式（3-6），得到逆问题的迭代公式为

$$\boldsymbol{\rho}^{(k+1)} = \boldsymbol{\rho}^k - \left(\frac{\partial^2 E}{\partial \boldsymbol{\rho}^2} \boldsymbol{\rho}^k \right)^{-1} \left(\frac{\partial E}{\partial \boldsymbol{\rho}} \boldsymbol{\rho}^k \right)^\mathrm{T} \tag{3-7}$$

其中，黑森矩阵在忽略高阶项后，有

$$\frac{\partial^2 E}{\partial \boldsymbol{\rho}^2} \boldsymbol{\rho}^k = 2 \left(\frac{\partial \boldsymbol{U}}{\partial \boldsymbol{\rho}} \boldsymbol{\rho}^k \right)^\mathrm{T} \left(\frac{\partial \boldsymbol{U}}{\partial \boldsymbol{\rho}} \boldsymbol{\rho}^k \right) \tag{3-8}$$

联立式（3-7）和式（3-8）得出基于牛顿-拉夫逊迭代算法的逆问题迭代求解公式为

$$\boldsymbol{\rho}^{(k+1)} = \boldsymbol{\rho}^k - (\boldsymbol{J}_k^\mathrm{T} \boldsymbol{J}_k)^{-1} \boldsymbol{J}_k^\mathrm{T} [\boldsymbol{U}(\boldsymbol{\rho}^k) - \boldsymbol{V}] \tag{3-9}$$

通过迭代求解式（3-9），得到场域每一个剖分单元的电阻率，再通过图像处理，得到电阻抗成像的电阻率分布图像。电阻抗成像的逆问题由于计算场域的软场特性和测量数据量的限制，具有严重的病态性，因此需要进行相应的数值处理来提高算法精度和稳定性。

3.2　接地网缺陷诊断逆问题求解方法

接地网电阻率成像缺陷诊断方法的求解基于牛顿迭代优化算，在逆问题的迭代求解中，由于问题的病态性和欠定性，存在求解精度低的缺点。因此，引入了基于对角权重的混合正则化方法对逆问题进行求解，提高了算法的精度和求解效率。

传统的 Tikhonov 正则化是一种经典的正则化方法，广泛应用于病态逆问题的求解中。在电阻率成像中，施加 Tikhonov 正则化的逆问题数学模型为

$$\min E(\boldsymbol{\rho}) = \| \boldsymbol{U}(\boldsymbol{\rho}) - \boldsymbol{V} \|^2 + \alpha \| \boldsymbol{L} \cdot (\boldsymbol{\rho} - \boldsymbol{\rho}^0) \|^2 \tag{3-10}$$

式中　α——正则化参数；

　　　$\boldsymbol{L}$——正则化矩阵。

传统的 Tikhonov 正则化通过在逆问题模型中施加罚函数项，限制了与初始值偏移较大的解，使求解变得稳定。

在接地网的电阻率成像中，Tikhonov 正则化的二范数罚项使成像目标与成像背景变得光滑，两者的对比度不够明显，因此本项目研究改进了传统的正则化方法，在原 Tikhonov 正则化基础之上，结合对角权重正则化（DWRM），并在迭代中引入上一步的迭代结果，提出了一种对角权重混合正则化方法。其逆问题数学模型为

$$\min E(\boldsymbol{\rho}) = \| \boldsymbol{U}(\boldsymbol{\rho}) - \boldsymbol{V} \|^2 + \alpha \| \boldsymbol{L} \cdot [\boldsymbol{\rho}^k - \boldsymbol{\rho}^{(k-1)}] \|^2 + \beta \| \boldsymbol{\Lambda} \rho^k \|^2 \quad (3-11)$$

其中　$\boldsymbol{\rho}^{(k-1)}$——每一次迭代中的上一步迭代结果，与初始值 $\boldsymbol{\rho}^0$ 不同；

　　　α、β——正则化参数；

　　$\boldsymbol{L}$、$\boldsymbol{\Lambda}$——正则化矩阵；

　　　$\boldsymbol{L}$——单位阵。

$\boldsymbol{\Lambda}$ 的选取基于 DWRM 正则化，即满足

$$\boldsymbol{\Lambda}^{\mathrm{T}} \boldsymbol{\Lambda} = diag(\boldsymbol{J}^{\mathrm{T}} \boldsymbol{J}) \quad (3-12)$$

在上述正则化中，与传统正则化不同之处在于每一次逆问题迭代中，迭代"初始值"采用上一步的迭代结果，同时罚项 $\beta \| \boldsymbol{\Lambda} \rho^k \|^2$ 中的正则化矩阵与每一次迭代的雅可比矩阵密切相关，而不是一不变常数矩阵，因此具有收敛速度快和准确度高的特点。

运用提出的自诊断正则化，与牛顿-拉夫逊迭代算法相结合，得到接地网电阻率成像的逆问题迭代模型为

$$\boldsymbol{\rho}^{(k+1)} = \boldsymbol{\rho}^k - [\boldsymbol{J}_k^{\mathrm{T}} \boldsymbol{J}_k + \alpha \boldsymbol{L}^{\mathrm{T}} \boldsymbol{L} + \beta \boldsymbol{\Lambda}^{\mathrm{T}} \boldsymbol{\Lambda}]^{-1} \cdot$$
$$\{ \boldsymbol{J}_k^{\mathrm{T}} [\boldsymbol{U}(\boldsymbol{\rho}^k) - \boldsymbol{V}] + \alpha \boldsymbol{L}^{\mathrm{T}} \boldsymbol{L} [\boldsymbol{\rho}^k - \boldsymbol{\rho}^{(k-1)}] + \beta \boldsymbol{\Lambda}^{\mathrm{T}} \boldsymbol{\Lambda} \rho^k \} \quad (3-13)$$

3.3　接地网缺陷诊断算法验证

运用电阻率成像方法，以"田字格"接地网分区为例，在接地网中设置单腐蚀故障，腐蚀部分与正常扁钢部分电阻率对比度设置为 5∶1，以网格中的 9 个节点作为电位采集点，运用本项目中的电阻率成像方法进行腐蚀缺陷诊断，得到的单腐蚀故障成像结果如图 3-1 所示。

进一步在"田字格"接地网分区中的同一条支路和不同支路设置双腐蚀故障进行电阻率仿真成像，成像结果如图 3-2 所示。

从"田字格"接地网的缺陷诊断成像结果看出，接地网内源式 EIT 可以准确对扁

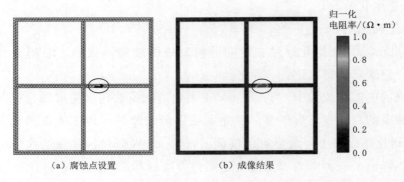

图 3-1 "田字格"接地网单腐蚀故障成像结果

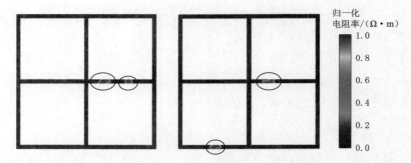

图 3-2 "田字格"接地网双腐蚀故障成像结果

钢中的腐蚀故障轮廓大小进行定位,是一种有效的接地网诊断手段。

在实际的接地网中,接地网分区不仅仅只有"田字格"形,为了验证该方法对其他形状分区的适应性,对"L"形和"U"形接地网进行了仿真实验,实验中设置情况与"田字格"接地网中设置一致,得到的成像结果如图 3-3 所示。

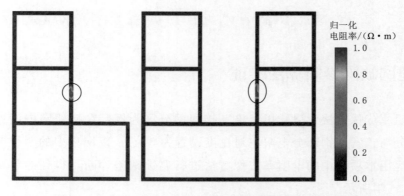

图 3-3 "L"形和"U"形接地网腐蚀诊断成像结果

从仿真结果看出,接地网电阻率成像能够对腐蚀缺陷进行准确定位,与接地网的结构形状无关。

3.4　接地网缺陷诊断算法优化分析

为了保证诊断的准确性，不仅需要保证算法的求解精度，同时需要提高数据采集的精度。提高数据采集的精确性除了可以从硬件电路的设计上优化外还应该降低测量接触电阻的影响和其他环境因素的影响，例如导线连接接触电阻和焊点的影响。

3.4.1　接地网焊点影响分析

接地网数据的测量系统都是采用四电极法，这可以消除导线连接的接触电阻。接地网在焊接过程中，焊点会有一定的焊点电阻，实验室对实验网络的焊点电阻进行了测量分析。焊点电阻测量示意图和实物图如图3-4所示。

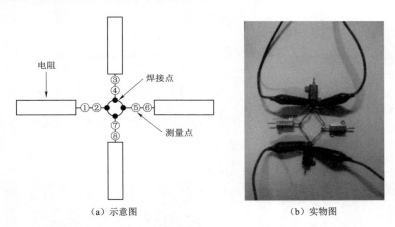

（a）示意图　　　　　　　（b）实物图

图3-4　焊点电阻测量示意图和实物图

通过焊点测量，测量的结果见表3-1。

表3-1　　　　　　　　　　　电阻网络焊点测试数据

测试次数	电流注入流出点	电压测量点	测量电压大小 /mV	测量电流大小 /A	焊点电阻 /mΩ
1	1、6	2、5	1.0265	1	1.0265
2	3、6	4、5	0.9134	1	0.9134
3	8、6	7、5	0.9295	1	0.9295
4	8、1	7、2	0.9559	1	0.9559
5	8、3	7、4	1.0202	1	1.0202
6	1、3	2、4	0.8907	1	0.8907

从表3-1可以看出，通过对不同流入流出方式下的焊点进行电阻测试，电阻网络的焊点电阻约为0.9~1mΩ，对电阻网络实验不构成影响，因此，电阻网络能够满足

接地网腐蚀诊断的实验精度要求。

3.4.2　测量数据量影响分析

由于成像逆问题是一个欠定问题，因此对诊断结果成像效果的优化，应尽量获取

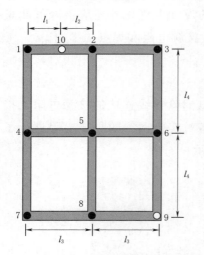

图 3-5　接地网电位数据
插值示意图

较多的电位数据来提高诊断的准确性和成像的分辨率。为了获取尽量多的节点电位数据，在应用了循环测量方法后，将测量得到的数据进行适当的插值处理来增加数据量，这样有效避免了接地网可及节点的数量和位置的限制。通过插值方法增加了数据量，降低了诊断方程的欠定性和逆问题的病态性，得到了算法的优化。接地网电位数据插值示意图如图 3-5 所示。

对电位数据进行线性插值，有

$$\begin{cases} U_9 = U_8 + \dfrac{l_3}{l_3 + l_4}(U_6 - U_8) \\ U_{10} = U_2 + \dfrac{l_2}{l_3}(U_1 - U_2) \end{cases} \qquad (3-14)$$

使用不同节点数据量得到的电阻率成像结果如图 3-6 所示。

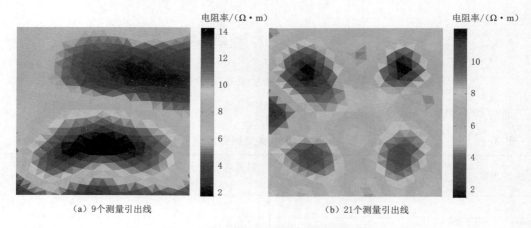

（a）9个测量引出线　　　　　　　　（b）21个测量引出线

图 3-6　不同节点数据量的成像结果

从成像的结果看出通过插值，成像的分辨率提高了，成像效果也得到了优化。

3.5　多通道自动循环电位采集装置研制

对接地网进行电阻率成像判断局部缺陷的算法建立是基于接地网可及节点的电位

分布，因此需要开发一种高精度、高效率的电位采集装置来测量引下线的电位数据，为成像算法提供数据基础。

3.5.1 系统测量装置功能需求

基于电阻率成像的方法进行接地网缺陷诊断需要大量的接地网引下线电位数据作支撑，因此开发的测量装置必须满足尽可能测量多组数据的功能。另外考虑电力部门进行接地网检测的需求，数据采集装置要能够实现对接地网的带电作业。

因此所研制的数据采集装置应该具有以下功能：

（1）低电流源产生功能：能够产生一个稳定的激励电流源输出，电流源的幅值很小，注入接地网对变电站内的其他电气设备运行没有影响。

（2）数据自动测量功能：系统装置能够完成对节点电位数据的自动测量，减少人工工作量，提高测量效率。

（3）采集的数据量足够多：系统装置要能够采集足够多的节点电位数据，为缺陷诊断算法提供数据支撑。

（4）数据安全存储与传输：考虑变电站的电磁干扰，系统装置应当具有安全的数据存储与传输功能。

（5）系统进行数据采集的通道数可选：由于不同等级和不同类型的变电站接地网规模不同，系统装置要能够完成所有条件下的变电站接地网数据采集，其测量通道数可以自主选择。

3.5.2 系统装置整体设计

根据系统数据采集装置的功能需求分析，基于多通道自动循环控制原理，设计了一种用于接地网节点电位数据的多通道自动循环采集装置。

3.5.2.1 系统装置整体设计原则

考虑到变电站周围的电磁环境和现场测量条件的特殊性，数据采集装置设计原则如下：

1. 自动化测量，提高工作效率

传统的测量方式采用的是单路电流激励、单路电压测量，本系统为了充分利用可及节点，最大限度地获取电压信息，采用循环测量方式，需要不停变换激励源的注入位置和电压量测位置，换线和测量全由人工完成，工作量非常大。因此系统设计时要求电流的切换和电压的测量都由系统自动控制，测试人员只需在测量开始时把待测量引下线接入测量系统即可，这样可以大大节省连接线时间、提高工作效率。

2. 低功耗、低成本、便于携带

系统设计应做到低功耗、体积小、重量轻、便于携带，便于变电站现场测试。系统的设计还应注重性价比，低成本也是设计者考虑的重要因素，在满足设计要求时应尽可能降低成本，因此，应根据系统需求选择性价比合适的芯片。

3. 模块化原则

系统设计时应遵循模块化的原则，模块化的设计便于系统的升级和换代，各模块之间彼此分离，但组合在一起又是一个有机整体。各模块功能通用化，比如激励源不仅可以用于本系统的测量，还可以作为电流源用于其他地方。测量系统也可以单独进行电压测量。

4. 可扩展性原则

系统设计时应提高系统的可扩展性，在设计时应预留扩展功能接口，具有多种工作模式的模块设计时应采用多种模块可切换的设计，方便日后系统的优化、升级和扩展。

3.5.2.2 系统整体设计结构

系统整体结构设计成"一点对多点"的射线形结构，如图 3-7 所示，采用 ARM 微控制器实现各个模块间的协调工作。系统装置包括低电流恒流源模块、数据采集模块、数据采集多通道模块和辅助模块（液晶显示模块、独立按键模块、数据存储模块、数据通信模块）。系统结构简单、便于模块化集成设计、方便控制。

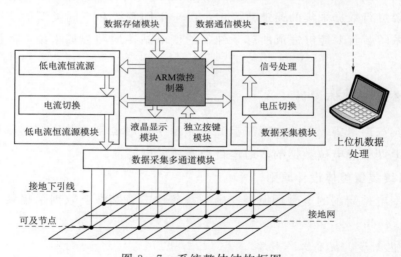

图 3-7　系统整体结构框图

微控制器采用具有 ARM Cortex-M3 内核的 32 位处理器 STM32F103ZE，具有丰富的外设接口，方便与其他模块通信。低电流恒流源设计成 0～1A 的可调恒流源，产生的电流注入接地网的可及节点，待电流源稳定后，通过数据采集装置对可及节点的电位进行采样。数据采集模块采用 24 位可调增益模数转换器 ADS1241，具有 1～128 倍的可调增益和 21 位有效采样结果。采集的数据通过数据通信模块上传给上位机，在上位机上对数据进行处理。

整个系统还包含数据存储模块、数据通信模块、液晶显示模块和独立按键模块四个辅助模块。液晶显示模块和独立按键模块可以实现整个系统良好的人机交互，便于操作。数据存储模块实现采集海量数据进行存储和备份。数据通信模块实现了测量装置和上位机之间的良好数据通信。

3.5.3　数据测量原理及方法

3.5.3.1　电位测量原理

影响测量结果准确度的因素除了测量仪器的精度外，还包括电极—导体接触阻抗、导线的电阻，对于阻抗较大的被测物接触阻抗和导线电阻可以忽略不计，但是对于阻抗特别小的待测物体，接触阻抗和导线电阻可以与之相比拟，因此接触阻抗和导线电阻不能忽略。

由于接地网整体网络阻抗较小，将采用四电极法对接地网的节点电位进行数据测量。下面将从原理上分析四电极法的优点。

二电极法测阻抗原理图如图 3-8 所示，其中图 3-8（b）为其等效电路图，其中 R_X 为待测阻抗，r_1、r_2、r_3、r_4 为导线电阻和接触阻抗的等效模型。电压表测量的电压值是包含电阻 r_1、r_2 两端的电压，用二电极法测量阻抗时，测量值可以表示为

$$z_{\mathrm{m2e}} = \frac{U_{\mathrm{m}}}{I_{\mathrm{m}}} = r_1 + r_2 + R_X \tag{3-15}$$

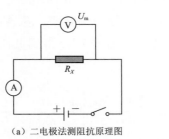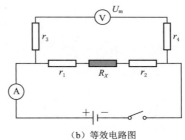

（a）二电极法测阻抗原理图　　　　（b）等效电路图

图 3-8　二电极法测阻抗原理图及其等效电路图

由式（3-15）可见，当待测物体阻抗 R_X 比阻抗 r_1、r_2 大得多时，r_1、r_2 可以忽略，二电极测量法的测量结果可以接受。但阻抗 R_X 跟阻抗 r_1、r_2 相差不多时，r_1、r_2 的值就不能忽略，二电极测量法带来的误差就非常大。

为了消除二电极测量法中阻抗 r_1、r_2 对测量结果的影响，使用四电极法测阻抗的方式来消除影响。四电极法测阻抗原理图及其等效电路图如图 3-9 所示。如图 3-9（a）所示将两个电流接点和电压接点分别接于待测物两端的不同位置，电流流过整个待测物 R_X，而电压表的测量值也只是待测物 R_X 上的电压，其等效模型如图 3-9（b）所示。由此可知，四电极法测量阻抗时测量值可以表示为

$$z_{m4e} = \frac{U_m}{I_m} = R_X \tag{3-16}$$

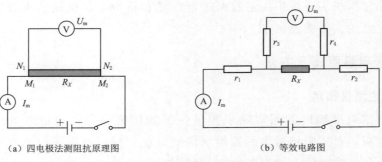

（a）四电极法测阻抗原理图　　　　　（b）等效电路图

图 3 - 9　四电极法测阻抗原理图及其等效电路图

由式（3 - 16）可知四电极测量方法可以消除接触阻抗的影响，保证数据测量的准确性，为后面算法的计算提供可靠的数据支撑。

3.5.3.2　多通道循环测量方法

为了提高测量效率，装置设计了多通道自动循环测量功能。接地网节点连接示意图如图 3 - 10 所示，以 16 通道为例采集数据，随机选择变电站接地网的 16 个可及节点引下线与测量系统的 16 通道相连接，选择其中的 2 个节点作为激励电流注入和流出接地网的通道，按照 $P_1 - P_2$，$P_1 - P_3$，$P_1 - P_4$，…，$P_1 - P_{16}$；$P_2 - P_3$，$P_2 - P_4$，…，$P_2 - P_{15}$，$P_2 - P_{16}$；$P_3 - P_4$，…，$P_3 - P_{16}$；…；$P_{15} - P_{16}$ 的方式循环注入流出激励电流，P_x 代表节点 x，其余 14 个节点作为节点电位的测量点。根据排列组合原理，在一次测量中，仅通过接地网的 16 个可及节点引下线就可以得到共 $16 \times 15 \div 2 = 120$ 组电位数据。

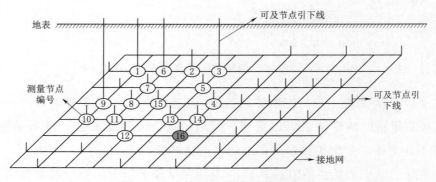

图 3 - 10　接地网节点连接示意图

此外，对于每组电位数据，将与之相对应的激励电流流出节点作为零电位参考点，因此每组数据会有 14 个有效的节点电位。故得到总有效的节点电位数据是 $120 \times 14 = 1680$ 个。对于所有的节点电位数据，将节点编号为 16 的测量节点选择作为共同的零电位参考点，因此每组数据会有 13 个有效支路电压数据，也就是说，在一次测量中，仅通过接地网的 16 个可及节点引下线就可以得到共 $120 \times 13 = 1560$ 组支路电压数据。本系统装置采用的多通道数据自动循环测量方法能够通过较少的可及节点引下线得到最多的电位数据，能够在很大程度上减少人工工作量，缩短测量时间，既方便又高效。

整个系统装置的数据循环测量流程图如图 3-11 所示。

这种多通道循环测量方式的优越性是可以将接地网任意两个引下线节点间的电阻情况全部检测出来，为接地网监测提供丰富的完整的信息，有助于准确检测出接地网腐蚀故障。同时整个测量过程都是程序自动循环测量的，检测时间短，耗费的人力少，提高了测量效率。对于小型接地网，引出节点小于 16，可以通过参数配置 4~16 个测量通道；对于大型接地网，引出节点大于 16，可以根据实际情况将变电站分成几个区域并按照分区测量方法完成对接地网节点电位数据的采集测量。

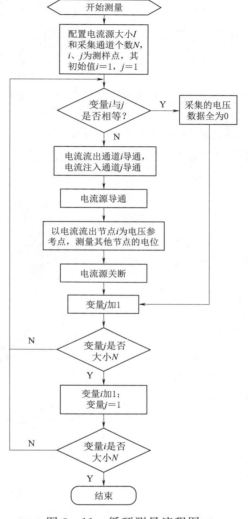

图 3-11　循环测量流程图

3.5.4　低电流恒流源模块设计

为了实现对电阻网络电位的测量，恒流电流源是测量装置中的关键模块，测量过程对恒流源的稳定性要求很高。考虑到系统装置注入流出接地网的电流要对变电站的二次设备不产生影响，因此考虑采用 ARM 编程控制产生一个相对微小的恒流电流源输出。系统装置的激励电流源模块的产生原理框图如图 3-12 所示。

其主要是利用运算放大器组成的减法电路，通过电压反馈电路将 ARM 控制的输出恒定电压间接加载在一个 1Ω 的精密功率欧姆电阻上，通过这个精密欧姆电阻产生 1A 的恒流电流源输出。并且在电流输出通路加上一个 0.1Ω 的检流电阻作为电流检测模块，将检测到的输出电流反馈回 ARM，通过 ARM 控制编程进一步调整电压输出，最终使输出激励电流可以稳定在 1A，其误差不超过 0.15%。

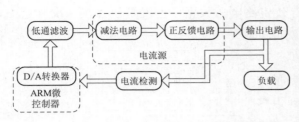

图 3－12　激励电流源模块的产生原理框图

测量装置中恒流激励电流源的电路设计原理图如图 3－13 所示，电路设计的基本思路是利用一个高输入阻抗、高放大增益的运算放大器构成一个正反馈电路，将微控制器上的 D/A 转换器输出的可控电压间接加载在功率电阻上。电路中 MCP6402 是一款单端供电的运算放大器，静态电流 $45\mu A$，增益宽带 1MHz，输入阻抗 $10^{13}\Omega$。TIP121 是一款 NPN 型的达林顿晶闸管，能承受最大关断电压 80V，最大连续电流 5A，最大功率 65W。

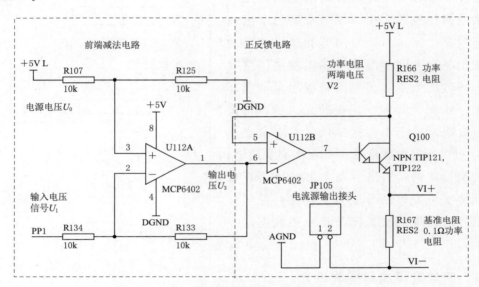

图 3－13　激励电流源原理图

考虑到变电站现场的实际测量和应用需求，整个系统装置采用 10000mAh 的可充电锂蓄电池供电。系统装置中耗电量最大的部分是恒流电流源模块，采用锂电池直接供电方式，在数据采集过程中由于锂电池电压的变化会对恒流源电流输出大小产生影响。因此在恒流源前端添加一个减法电路，巧妙消除了电流源的供电电源电压变化对输出电流的影响。具体的原理如下：

设图 3－13 中电源电压为 U_0，输入的电压信号为 U_1。如果减法电路中的电阻 $R107$、$R125$、$R134$、$R133$ 阻值相等，则减法电路输出的电压 U_3 为

$$U_3 = U_0 - U_1 \tag{3-17}$$

在后端的正反馈电路中，根据运算放大器的"虚短"和"虚断"的特性，运算放大器的两个输入端电压相等，大小为 U_3。功率电阻 $R166$ 两端的电压 U_2 为

$$U_2 = U_0 - U_3 \tag{3-18}$$

则根据式（3-17）得

$$U_2 = U_0 - (U_0 - U_1) = U_1 \tag{3-19}$$

则电阻 $R166$ 两端电压 U_2 与电源电压 U_0 无关。若电阻 $R166$ 的阻值为 R_1，则流过电阻 $R166$ 的电流 I 为

$$I = U_2 / R_1 \tag{3-20}$$

将式（3-20）中的功率电阻 $R166$ 阻值设计为 1Ω，前端的减法电路放大倍数设计为 1 倍，则恒流源输出的电流值 I 大小与输入电压值 U_2 大小数值上相等。D/A 转换器输出的电压范围为 $0 \sim 2.5V$，则恒流源输出的最大电流值为 $2.5A$。

1.0A 电流源测试状况如图 3-14 所示。当电流源输出设计成 1.0A 时，测量过程中电流源的波动范围为 $999.8 \sim 1001.4mA$，电流源输出电流误差小于 0.15%，电流源输出电流稳定性良好。

3.5.5 数据采集模块设计

数据采集模块是通过接地网引下线向接地网注入流出激励电流，采集测量引下线节点相对于参考节点的电位。在实际测量中，由于接地网的支路电阻值都很小，规模也比较大，而注入的激励电流又不是足够大，因此所测得的电压信号都很微弱，并且还存在一定的干扰信号。为了得到可用的信号，需要对初始信号进行一系列包括滤波、放大、有效值转化等信号处理措施。数据采集模块框图如图 3-15 所示。

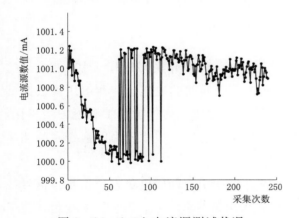

图 3-14 1.0A 电流源测试状况

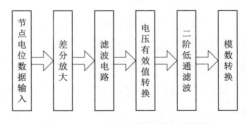

图 3-15 数据采集模块框图

3.5.5.1 电压通道选择

因为接地网的规模一般比较大，而注入接地网的激励电流只有 1A，相对很小，所以通过电压通道所采集的电压信号也很小，故可以直接选用通道模拟开关进行电压的通道切换，此处所选用的模拟开关是 AD1206，其对地电容只有 1.5pF，电压通道选择电路如图 3-16 所示。

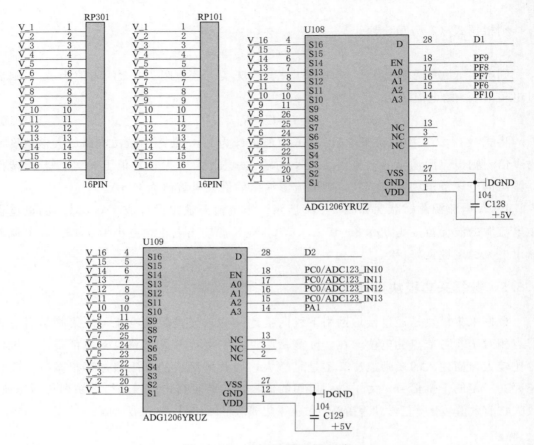

图 3-16　电压通道选择电路

待测接地网下引线连接到接线座 RP101 上，并与模拟开关 U108、U109 相连，这样就可以通过控制模拟开关来选择测量任意两个下引线间的电压，待测电压由公共端 D1、D2 引出到后级电路，电压通道切换由模拟开关完成，与传统手工测量方法相比，不仅节约了大量换线时间、提高了工作效率，而且还避免了一些人为因素带来的测量误差甚至错误。

通过 ARM 控制两个 16 路通道选择器，采集两个节点间的电位差值信号，信号经电压隔离、低通滤波送到 A/D 转换器，数据多次采集并求均值。为了方便测量，使采集的数值都为正数，在测量时以电流流出节点为电位参考点，测量其他节点的电位。

3.5.5.2　差分放大电路

通过公共端 VM1、VM2 输入到后级处理电路的待测电压由于太小而不能直接使用，需要对其做放大处理。对测量电路而言，影响其测量精度的关键指标是共模抑制比 CMRR。因此采用差分放大电路，其为双端输入—单端输出。差分放大电路如图 3-17 所示。采用 AD8130 作为差分运放芯片，该芯片的特点有：

（1）高输入阻抗，差分输入阻抗可达 1MΩ。

（2）高 CMRR，94dB Min，DC 的频率为 100kHz；80dB Min @ 2MHz；70dB @ 10MHz。

（3）低噪声，$12.5nV/\sqrt{Hz}$。

（4）输入共模的电压范围为－10.5～10.5V。

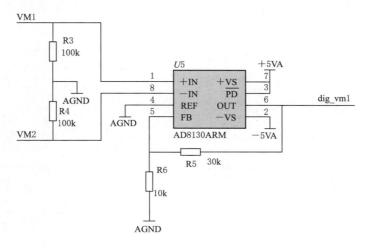

图 3－17　差分放大电路

在该差分放大电路中，决定其信号电压放大倍数的是电阻 $R5$ 和 $R6$。虽然其放大倍数可调，但也只是对其比值而言，单个的电阻值是不能随意选择的，一般在 10kΩ 以上。

3.5.5.3 滤波电路

滤波电路是通过衰减或抑制输入信号中的无用频率信号，进而保存或突出其中的有用频率信号，它是在信号处理过程中常用的电路。对于本电路而言，无用的信号频率可能来源于激励源、模拟电源、继电器等有源模块和器件，为了获得更好更纯净的有用信号，必须采用相应的滤波电路把无用信号频率过滤掉。可采用由集成运放、电阻、电容组成的二阶有源低通滤波器，这种滤波器具有体积小、重量轻等优点。二阶低通滤波电路如图 3－18 所示。

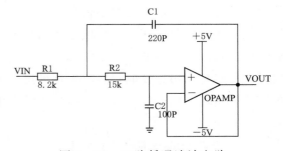

图 3－18　二阶低通滤波电路

其传递函数为

$$H(s)=\dfrac{A\omega_{c}^{2}}{s^{2}+\dfrac{\omega_{c}}{Q}s+\omega_{c}^{2}}$$

其中

$$A=1$$

$$\omega_c = \frac{1}{\sqrt{R_1 R_2 C_1 C_2}} = 2\pi f_c$$

$$Q = \frac{\sqrt{R_1 R_2 C_1 C_2}}{C_2(R_1+R_2)-(A-1)C_1 R_1}$$

取 $C_1 = 220\text{pF}$，$C_2 = 100\text{pF}$，$R_1 = 2\text{k}\Omega$，$R_2 = 5.1\text{k}\Omega$，其幅频特性曲线和相频特性曲线如图 3-19 所示。

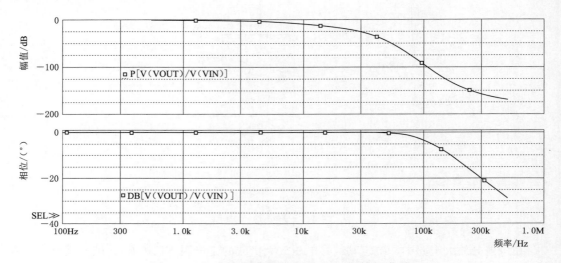

图 3-19 滤波电路幅频特性和相频特性曲线

3.5.5.4 电压有效值转换电路

系统装置只需要测量引下线节点电位值的大小，而经放大滤波后的输出电压信号为交流信号，交流信号的大小就是其有效值，因此需要利用一定的方法求解交流电压信号的有效值。目前获取交流信号数据有效值的方式有三种：一是热电式，即利用热偶进行交直流量值转换；二是利用 A/D 采样卡采集得到数据然后再对数据进行求有效值处理；三是采用有效值转换芯片直接把交流信号转换成等效的直流信号，直流信号的幅值就是输入信号的有效值。系统装置采用第三种测量有效值的方式，选用 AD637 有效值转换芯片。

AD637 芯片的外围电路只需要一个 $4.7\mu\text{F}$ 的电容就可以了，运用非常简单。其输入端为需要转换的交流信号，输出端为直流电压信号，该直流电压信号的幅值就是需要的交流信号有效值。但是在一般情况下，经由交流信号变换过来的直流信号都会存在一定的混叠信号，因此不能直接使用。为了使经转换得到的直流信号可用还需要在 AD637D 的输出级后加一滤波电路组成完整的有效值转换电路。最终的有效值转换电路如图 3-20 所示，电路中稳压管 Z1 的作用是保护后一级的 A/D 器件使其免受可能的过压损害。

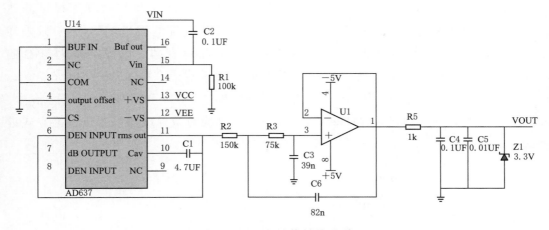

图 3-20　有效值转换电路

3.5.5.5　A/D 转换电路

因为系统装置所使用的主控制芯片中自带模数转换器，所以就直接采用这个自带的模数转换器完成对电压信号的模数转换。主控制芯片内部自带的模数转换器包含有 18 个通道，能够测量 16 个外部信号源和 2 个内部信号源。和独立的模数转换器工作原理相同，在进行模数转换之前，首先要对内部的相关配置进行初始化设置，一般包括端口初始化设置、工作模式设置、采样时间设置、扫描模式配置、通道选择设置、触发方式设置以及 AD 校准等。进行完初始化设置之后，就可以进行数据的采集和转换了。本系统所采用的主控制芯片内部自带的模数转换器进行数据采集的方式和普通单片机一样，也有中断和查询两种方式，在实际使用中，本硬件系统采用的是查询方式进行数据采集，为了使所采集得到的数据精确度更高，采用多次测量求平均值的方法。A/D 子程序转换流程框图如图 3-21 所示。

接地网阻值比较小，电流源产生的电流范围为 0~1A，检测的接地网的电压值比较小。同时接地网故障诊断算法对采集数据的精度要求比较高，在电路中采用 24 位 A/D 转换器。

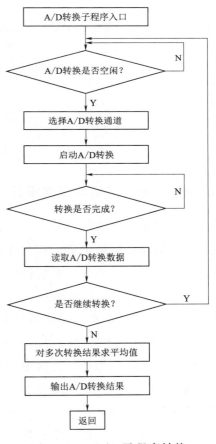

图 3-21　A/D 子程序转换
流程框图

A/D 转换器如图 3-22 所示，ADS1241 是一款高性能、宽动态范围、高精度的

24 位 A/D 转换芯片，供电范围为 2.7～5.25V。这个差分 A/D 转换器可提供高达 24 位无失码转换数据，有效的采样数据为 21 位，即当基准电压 2.5V 时，有效采样精度为 ±1.2μV。转换器提供 4 路差分输入通道，内部缓存器可以提供高达 5GΩ 的输入阻抗。内部自带可编程放大器和有限长单位冲激响应（finite impulse response，FIR）滤波器，增益范围为 1～128 倍，同时滤除 50Hz 和 60Hz 的干扰信号。ADS1241 外接时钟为 2.4576MHz，可以通过 SPI 总线与微处理器以 8 位数据方式进行通信。

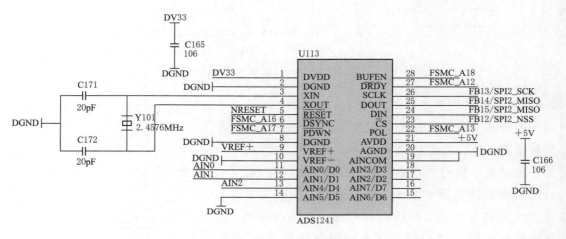

图 3 - 22　A/D 转换器

3.5.6　数据通道切换模块设计

为了满足整个系统装置多通道数据测量的要求，在电流源后端添加一个电流切换模块。电流切换模块负责配置电流源电流注入与流出节点的位置，此模块由多路模拟选择开关、三极管和继电器组合作为电流切换开关。电流切换模块框图如图 3 - 23 所示，左右两侧的电流注入通道切换开关和电流流出通道切换开关是对称连接的，它们都是将 16 通道模拟开关输出端分别连接到 16 个三极管的基极，三极管的集电极再分别连接到 16 个继电器的控制端，从而组成切换开关。左侧 16 路继电器的输入端与激励源的电流注入端相连，而继电器的输出端分别连接到 16 通道接线座；同样，右侧 16 路继电器的输入端分别连接到 16 通道接线座，而继电器的输出端与激励源的电流流出端相连。最终只需分别向模拟开关的地址线写入不同的信号值就能控制电流的注入和流出通道，方便数字控制的实现。

系统通过控制电流切换开关，来控制电流注入与流出的通道。恒流源产生的电流最高为 1A，同时系统要求选用的电流切换开关具有承受大电流、导通电阻小和切换速度快等特点。

继电器开关控制电路如图 3-24 所示，电流切换开关选用 G6K-2F-Y 继电器，它是两路单刀双掷开关，其额定工作电压 4.5V，额定工作电流 23.2mA，开关接触阻抗 $100m\Omega$，开关操作时间最长不超过 3ms。三极管选用通用的 NPN 型三极管 SS8050。

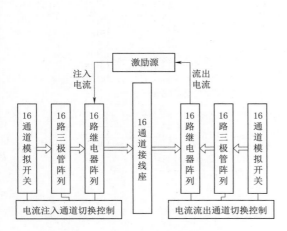

图 3-23　电流切换模块框图

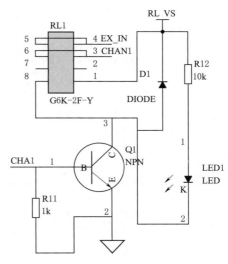

图 3-24　继电器开关控制电路

图 3-24 中只给出通道 1 的三极管控制继电器的电路，其余 15 通道电路同通道 1 一样。三极管导通则开关闭合，三极管断开则继电器开关断开。发光二极管 LED1 是导通的指示灯，三极管导通 LED1 亮，三极管关断 LED1 熄灭。D1 为续流二极管，为了防止开关关断时继电器产生的反电动势损坏三极管。另外，把继电器的两路开关并联，这样不仅使其导通接触电阻降低了一半，还提高了其通流能力。下拉电阻 $R11$ 确保通道 1 的起始控制信号为低电平，即继电器开关处于断开状态。

电流的注入和流出分别要 16 个继电器来控制，一共需要 32 个继电器，如果用 ARM 芯片的 GPIO 管脚来控制这些继电器就需要 32 个管脚，非常浪费资源，并且 ARM 芯片管脚的驱动电流也不能满足要求。因此在实际的电路设计中，系统采用了 16 路模拟多通道开关选择器 ADG1206 来实现对继电器的控制选择，此时只需要 10 个 GPIO 管脚就可以控制整个电流切换模块，同时驱动电流也能满足要求。16 路模拟开关如图 3-25 所示。

ADG1206 有一个使能端和 4 位二进制地址端 A0~A4，具有导通阻抗低、漏电电流小、响应时间短、供电电压范围宽、功耗低、封装小等优点。这样通过 ARM 主控制芯片向 16 路模拟开关 ADG1206 写地址数据，来控制 16 路电流通道的切换。电流流出通道切换的工作原理同电流注入通道切换电路，特别注意，在进行软件编程控制时，不能使电流的注入和流出为同一通道，这样会使电流源开路。

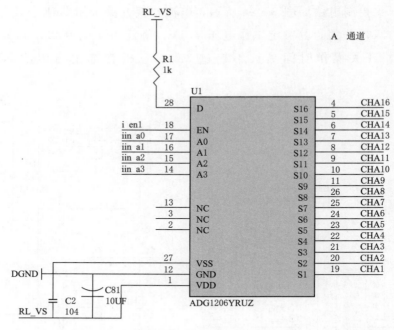

图 3-25 16 路模拟开关

3.5.7 系统装置整体实现及性能测试

3.5.7.1 系统装置整体实现

在完成系统装置的分模块设计与功能实现之后，对系统装置的整体组装进行了设计与实现，系统装置整体实现图如 3-26 所示。考虑携带的方便性，设计并完成手提箱式的装置外壳，如图 3-26（a）所示，将系统装置的各个模块采用分区域、分层叠加的方式集成组装在外壳中，电源模块预留一个单独的区域固定，激励电流源模块、电源模块和通道切换模块采用叠加的方式固定在另一个区域，如图 3-26（b）所示。装置的面板分为四个区域，包括电流注入流出和电压测量 16 通道区、数据存储传输区、液晶显示区和按键控制区。

3.5.7.2 装置性能测试及分析

整个接地网的故障诊断都是建立在测量数据高度准确的基础上的，如果在开始时系统测量的电压数据就存在严重误差，就不可能得到正确的诊断结果。在完成对系统装置的组装后，利用实验室的单个精密欧姆电阻和所搭建的电阻网络平台对系统装置的相关性能进行了测试和分析，并根据测试结果对装置的设计进行优化。

1. 装置测量准确性分析

（1）单个小电阻测试验证。该测量系统的测量电路是基于四电极电阻测量法的。为了验证本测量装置的测量精度，用该装置对单个 $10\text{m}\Omega$ 的精密电阻进行测量，测量的接线图及其等效四电极接线图如图 3-27 所示。

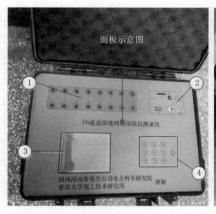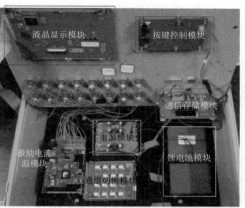

（a）装置面板图　　　　　　　　　　　　（b）内部结构布局

图 3-26　系统装置整体实现图

①—16 通道区；②—数据存储传输区；③—液晶显示区；④—按键控制区

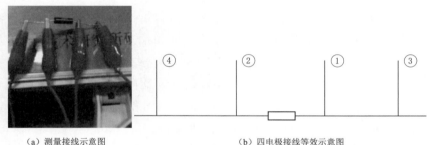

（a）测量接线示意图　　　　　　　　　　（b）四电极接线等效示意图

图 3-27　单个电阻测量接线图及其等效四电极接线图

测量得到的数据结果见表 3-2。

表 3-2　　　　　　　　　　　单 个 电 阻 测 量 数 据

电流注入点	电流流出点	U_{3-1}	U_{3-2}	U_{3-3}	U_{3-4}	电流大小
4	3	69.18781963	59.16239051	0.613467518	135.09061	1000.750482

根据表中测量装置的测试数据，计算单个电阻的测量值为

$$R = (69.18781963 - 59.16239051)/1000.750482 = 10.01791086$$

测量值与电阻的标称值基本相同，其误差为

$$E_r = (10.01791086 - 10)/10 \times 100\% = 0.179\%$$

从单个欧姆级别的电阻测试结果来看，本装置的电压测量精度能够达到毫伏级别，且误差足够小，可以满足变电站接地网同等级电阻大小网络的测量要求。

（2）正常电阻网络准确性测试。通过实验室建立了每条支路电阻为 1Ω 的精密电阻纯电阻网络来进行测试。当电阻网络完整时，注入电流为 1.0A，利用测量装置测对电阻网络进行测量的接线图和部分测量数据图如图3-28所示，测试结果通过SD卡上传至上位机与计算机软件的仿真计算数值进行对比分析。

（a）电阻网络电压采集 　　　　　　（b）网络阻抗测量数据显示

图3-28　纯电阻网络测量接线图和数据显示

　　将测量的电压数据与仿真的数据进行对比，如图3-29所示，可以看出测量数据与仿真数据变化趋势相同，数值很接近（曲线几乎重合），两个数据的最大差值小于20mV，小于测量数据的4%。存在这一误差的原因主要有实际电阻网络的焊接存在焊点电阻和连线存在接触电阻，这些误差电阻的数值大致在0.01～0.05Ω级别，而软件的仿真数据是在每条支路的仿真电阻都是1Ω的基础上得到的，因此存在一定的误差是可以接受的，实验结果可以验证测量装置的准确性。

　　（3）支路断路电阻网络准确性测试。本测试是为了测试该测量装置对于有支路断路的电阻网络进行数据采集的准确性，如图3-30所示，断开电阻网络部分支路（图3-30中线框区域），利用测量装置测量电阻网络部分节点电压，测试结果通过SD卡上传至上位机与计算机软件的仿真计算数值进行对比分析。

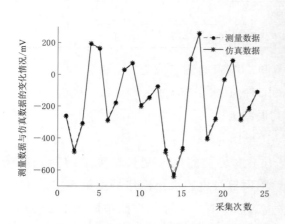

图3-29　测量数据与仿真数据的对比情况　　　图3-30　支路断路网络数据测量

将测量的数据与仿真的数据进行对比，如图 3-31 所示，可以看出当电阻网络部分支路发生断路后，测量装置所测数据与仿真的数据的变化趋势仍然相同，两个数据的最大差值小于 30mV，小于测量数据的 5%。两个数据存在偏差的原因与电阻网络完整时原因一致。

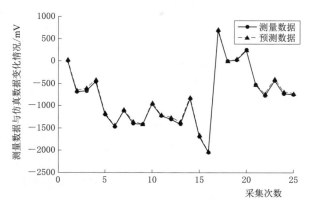

图 3-31　测量数据与仿真数据的对比情况

上述测试实验表明研制的 16 通道接地网网络阻抗测量装置可对不同支路复杂度的网络进行测量，其测量精度可以达到毫伏级别，其测量的偶然误差小于 30mV，相对误差小于测量数据的 5%，测量精度满足项目算法对数据的最小精度要求。测量误差存在原因主要在于实际搭建的 1Ω 电阻网格需要用导线连接起来并用焊锡焊接，连接电阻大致在 0.01～0.05Ω 范围内，并且设备与网络连接时存在接触电阻。通过单个小电阻和电阻网络的测试表明该测量系统在进行小电阻网络测试具有较高的精度，能够满足接地网的数据采集需求。

2. 装置测量稳定性分析

在进行实际变电站的数据采集时候，不仅需要采集高精度的电压数据，同时对采集数据的稳定性也有严格要求。因此需要对测量装置的稳定性进行测试，实验室还是在建立的纯电阻网络上面进行多次的数据测量，将不同时刻测量的数据进行求差，来观测测量数据的波动性，以验证测量装置的稳定性。

为了验证装置测量电压的稳定性，针对实验室搭建的 1Ω 功率电阻的纯电阻网络，利用研制的数据采集装置对其进行测量，注入电流为 1.0A。对同一种 16 通道和电阻网络引下线的接法进行两次测量，得到两组电压数据并进行做差处理，对这些差值进一步求出每一个数据前后两次的归一化百分比数，记第一组第一次测量数据为 A，第二次测量数据为 B，最终的归一化百分比数为

$$C = \text{abs}(A - B)/\text{abs}(B)$$

得到的结果图如图 3-32 所示，归一化百分比最大为 3%，数据采集装置的采集精度要能满足诊断算法的求解要求，测量的数据稳定性高。

为了更清楚地说明问题，对同一种测量接法前后两次测量所得到的数据结果进行求差得出两组数据的绝对差值，如图 3-33 所示，从图 3-33 中可以看出，在所有的数据差值中，每一组相对应的前后两次测量数据的最大差值小于 1mV，由此可见，在用本测量装置对实验室所搭建的电阻网络进行测量时，对于同一种接法，前后两次的

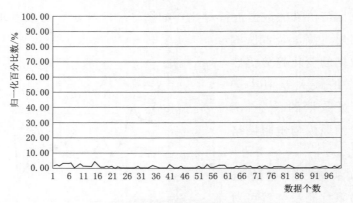

图 3 - 32　两次测量数据的归一化百分比

测量电压数据结果基本上是相同的，最大误差不超过 1mV，也就是说，本装置具有很好的数据测量可重复性，对于同一种测量接法，本装置测量得到的电压数据具有很好的稳定性。

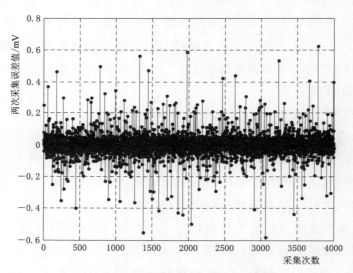

图 3 - 33　两次测量数据的绝对差值

　　通过网络数据的重复测试实验验证表明，项目所研制 16 通道数据采集装置的采集精度要能满足诊断算法的求解要求，能够适应不同情况的电阻网络，测量数据的稳定性高。并且在整个检测过程中，测量装置能够进行自动检测，具有很好的可操作性。

　　本装置所采用的锂电池主要相关参数见表 3 - 3。

表 3 - 3　　　　　　　　　　　锂电池相关性能参数

容量（典型值）/mAh	10000	最小放电终止电压/V	6.00（典型值）
额定电压/V	7.40（典型值）	最大持续充电电流/mA	2000
最大充电终止电压/V	8.40（典型值）	最大持续放电电流/mA	3000

从表3-3中可以看出，锂电池的容量为10000mAh，额定电压为7.40V，当以1A电流持续工作放电时，其理论上可以不间断工作10h，可见其供电能力很强。而且，该锂电池可充电，且装置在工作中时也可进行充电，这进一步增强了装置的供电性能。

根据实测，锂电池电压在因放电下降到5.5V左右的时候，测量装置停止工作。

本测量装置的电源系统是由DC/DC buck降压电路和稳压变换电路组成。其中直流降压电路是基于一款输出电压可调的buck降压芯片NCP3155。该芯片的主要特性如下：

（1）正常工作输入电压范围：4.7～24V。

（2）输出电压可调（可通过改变相关电阻值，本装置输出电压设定在5.3V左右）。

（3）1MHz工作频率范围。

（4）1.2ms的启动反应速度。

（5）电流限制保护功能。

（6）输入欠压锁定功能。

（7）输出过压和欠压检测功能。

从其正常工作输入电压可知，在装置正常工作时，buck降压电路的输出电压基本稳定在5V左右。稳压变换电路主要是将一路5V的电压输出变换为3.3V的ARM供电电压输入。稳压变换芯片采用的是NCP1117，其正常工作的输入电压范围为4.75～10V。因为buck降压电路的输出稳定在5V左右，所以不论装置工作在何种供电状态下，其输出的ARM供电电压理论上都是3.3V。也就是说，ARM的工作性能不会因为装置在测量过程中的电压降低而出现大的波动变化。

通过上述分析说明，本系统测量装置具有很好的供电性能。能够保证在变电站现场的不间断长时间测量，有强大的续航功能。

3.6　基于电阻率成像的接地网缺陷诊断技术应用

针对接地网支路缺陷的诊断建立了基于电阻率成像的诊断模型，开发了多通道循环电位采集装置。通过接地网引下线的电位数据，建立起由电位映射到支路电阻率分布的成像逆问题，并引入对角权重正则化方法对逆问题进行求解，降低了病态性，提高了成像精度。通过电阻率成像方法对接地网支路的局部缺陷进行了准确定位，开发的多通道电位循环采集装置，能够实现毫伏级电位的精确测量，多通道循环方式提高了测量的效率，为接地网的数据测量和引下线导通测试提供了装置基础。

第 4 章

接地网缺陷状态与评估系统研究

4.1 接地网腐蚀缺陷程度界定与评估

从接地网电阻率成像结果看出，该方法能够对接地网支路的局部缺陷进行定位和程度判断，通过电阻率分布图像显示缺陷处相对于正常部分的电阻率增大倍数。为了定量对接地网的缺陷程度进行评估，给出一个对应的腐蚀程度界定标准，根据 NACE 的《油田生产中腐蚀挂片的准备和以及试验》（RP 0775—2005）对金属腐蚀程度做出界定。RP 0775—2005 腐蚀程度及速率规定见表 4-1。

表 4-1　　　　　　　　　RP 0775-2005 腐蚀程度及速率规定

腐蚀程度	年腐蚀速率/(mm/a)	腐蚀程度	年腐蚀速率/(mm/a)
轻度腐蚀	≤0.13	严重腐蚀	(0.20，0.38]
中度腐蚀	(0.13，0.20]	极严重腐蚀	>0.38

根据《电力设备预防性试验规程》（DL/T 596—1996）对运行 10 年以上变电站要进行接地网腐蚀缺陷检测的规定，以 10 年地网扁钢的腐蚀程度作为界定依据，根据公式 $R=\rho L/S$，可以以将 R 的变化率视为 S，L 不发生变化，仅 ρ 发生变化，以 ρ 的变化速率等效为界定腐蚀快慢的腐蚀速率，进而计算扁钢腐蚀缺陷对应的增大倍数，从而与电阻率成像图像结果直观对应，定量判断缺陷程度。不同腐蚀缺陷程度对应的电阻率变化见表 4-2。

表 4-2　　　　　　　　不同腐蚀缺陷程度对应的电阻率变化情况

腐蚀程度	腐蚀速率/(mm/a)	电阻率对应增大倍数
轻度腐蚀	≤0.13	0~2
中度腐蚀	(0.13，0.20]	2~10
严重腐蚀	(0.20，0.38]	>10
极严重腐蚀	>0.38	>20

在实际工程中，接地网的各条支路节点连接处的焊接电阻对缺陷诊断结果也有影

响，算法诊断过程中，将焊点的电阻分摊到与之相连接的 3 条或者 4 条支路上。根据对扁钢焊点电阻的实测结果可知，其大小在 0.1～5mΩ 之间，分摊到各条支路上，会使其对应的电阻率增大约 3 倍，因此对理论增大倍数进行修订。

综上，结合电阻率成像诊断算法和相关金属腐蚀标准对腐蚀缺陷程度界定分为三个程度：一是正常，此时支路电阻率的诊断增大倍数为 1～5 倍；二是存在腐蚀缺陷情况，此时支路阻抗诊断倍数为 5～20 倍，其中 5～10 倍为认为存在轻微腐蚀缺陷，10～20 倍认为存在较为严重腐蚀缺陷，需要做进一步的考察；三是严重腐蚀或者断开，此时的支路阻抗诊断倍数为 20 倍以上。结合扁钢金属腐蚀标准规定及实际情况，对接地网腐蚀缺陷严重程度界定依据见表 4-3。

表 4-3   接地网腐蚀缺陷严重程度界定依据

地网腐蚀缺陷程度	基本正常	轻微腐蚀	较为严重	严重腐蚀或者断裂
局部电阻率增大倍数	$1 < A \leqslant 5$	$5 < A \leqslant 10$	$10 < A \leqslant 20$	$A > 20$

4.2 接地网数字化档案管理系统

4.2.1 系统设计方案

1. 数据采集

数据采集系统是整个系统获取接地网信息的重要部分。项目设计的接地网诊断系统采用多通道数据自动循环采集测量方法，可以实现对接地网电位数据的多通道快速测量。数据采集通过向接地网可及节点注入电流来测量引下线上的响应电位。测量基于四电极法，数据采集模块采用高速高精度 A/D 采集器，数据测量高效、准确。数据采集系统一次性可以测量多个引下线的电位数据，可以大大减少测量的时间。数据采集系统对测量通道的短路情况反映明显，这一优点可以在接地网引下线的导通测试中发挥很大的作用。数据采集系统的强大功能，不仅可以运用于接地网的数据采集，对于其他电阻网络系统的测量也有很大的运用价值。

2. 诊断计算

诊断计算是整个系统的核心功能，它是连接系统装置数据与系统软件结果的桥梁。通过基于电阻率成像算法对接地网的缺陷诊断状态做出准确的诊断计算，得到的结果既可用作接地网单次评估的依据，也可存储到接地网数字化管理系统中，积累多次可用作接地网的寿命预测依据。

3. 结果显示

结果显示可以实现接地网模型建立，使诊断结果图表化显示。基于测量数据，通过诊断算法得出接地网缺陷诊断结果，最终通过图、表的形式进行三维结果呈现。诊断结果图表化显示功能流程图如图 4-1 所示。

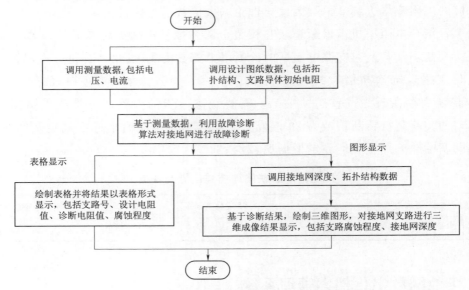

图 4-1　诊断结果图表化显示功能流程图

4. 数据查询

基于数据库的存储和查询技术，实现对历史数据查询功能，包括对变电站信息查询，对变电站接地网信息查询，对变电站历史检测记录查询，对变电站历史采集数据调用。数据查询功能也包括对装置测量初始电位的查询、测量注入电流的查询（可采用调用数据包并读取的方法实现）、腐蚀诊断结果的查询、变电站历史数据的查询（有存储记忆功能）。

5. 数据管理

数据管理主要包括数据存储与数据分析功能。数据存储主要包括对变电站信息、变电站接地网信息和接地网腐蚀诊断信息的存储。变电站信息主要包括站名、变电站修建时间、变电站站址、变电站等级、变电站面积、变电站类型及变电站图纸；变电站接地网信息主要包括接地网拓扑结构、接地网节点支路数、接地网埋设深度、接地网上引接地体数量；接地网腐蚀诊断信息包括检测人员信息、检测时间、检测接线方式、检测时注入电流值、检测当天天气及环境情况、检测结果、采集数据等。

数据分析主要是基于多次的接地网腐蚀诊断情况，对诊断结果的数据分析，并依据数据分析结果对接地网的寿命预测做出评估分析。

6. 状态评估

接地网状态评估，即通过对接地网进行测量诊断，得到接地网实际的诊断结果，基于多次的缺陷诊断结果分析，得到接地网的状态评估结果，最后通过可视图形式呈现接地网状态评估结果，并生成接地网状态评估报告。接地网状态评估流程图如图 4-2 所示。

4.2.2　接地网数字化管理

目前一些接地网图纸和已知信息较少，这给接地网的状态评估和管理带来了很大的困难，究其原因是缺乏变电站接地网信息的数字化统一管理。因此开发了接地网数字化管理，将接地网的每一次缺陷诊断和相关检修信息统一储存于数据库系统，实现变电站接地网管理的智能化与数字化，基于不同时期接地网的多次评估结果，实现了对接地网可用寿命年限的估算。数字化管理评估结构框图如图 4-3 所示。

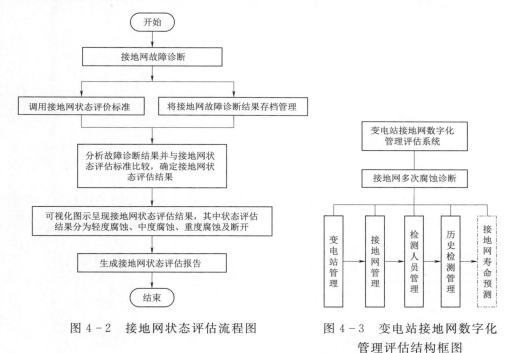

图 4-2　接地网状态评估流程图　　　图 4-3　变电站接地网数字化管理评估结构框图

变电站接地网的数字化管理评估主要是基于接地网的多次腐蚀诊断结果，通过对所检测的接地网建立一个对应的腐蚀状态数字化信息档案，利用该数字档案实现对接地网腐蚀状态的持续性跟踪，为其寿命预测提供关键性的数据支撑和决策依据，使之能够有效避免由于接地网腐蚀而导致的电力安全事故发生，提高变电站的安全运行系数。

在接地网数字化系统中，点击"变电站管理""接地网管理""检测人员管理"和"历史检测管理"可以一次看到以往对变电站的检测情况。变电站、接地网以及人员管理的功能，能够将历次的接地网诊断数据通过数据库技术存储在数字化系统中。变电站接地网的设计图纸也可以通过数据库导入数字化管理系统，这些功能的实现极大地方便了变电站管理人员对接地网的数字化管理。

例如，其中历史检测信息的管理有利于对一个接地网进行长期的检测状态评估和寿命预测，历史检测信息界面如图 4-4 所示。

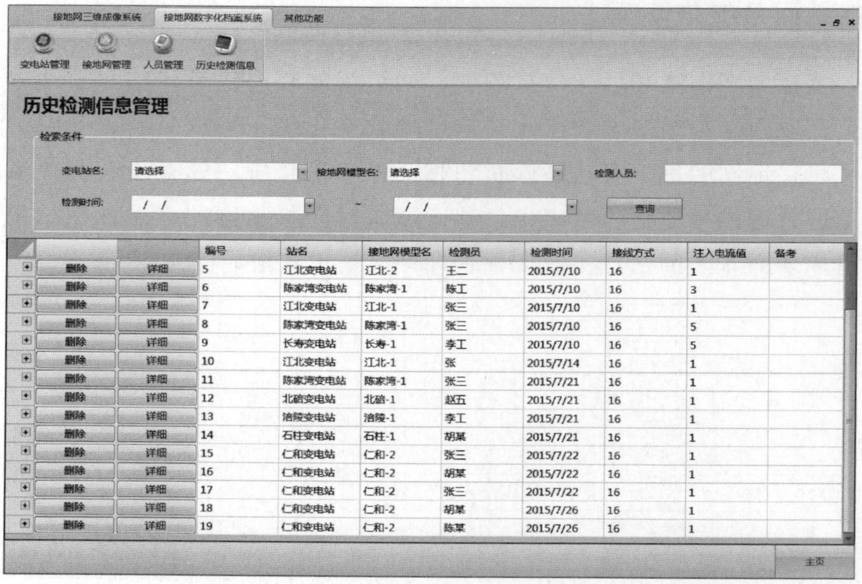

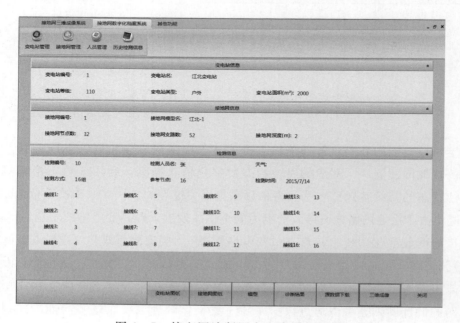

图 4-4　历史检测信息界面

点击"详细"按钮可以得到详细的接地网信息和接地网诊断结果，可以清楚查看诊断的三维成像结果和柱状图结果等，接电网诊断历史查询详细界面如图 4-5 所示。

图 4-5　接电网诊断历史查询详细界面

数字化管理系统的其他功能与历史检测功能类似，通过点击相关模块，能够清晰获取接地网的其他诊断信息。

4.2.3　接地网三维成像与寿命预测

4.2.3.1　接地网三维成像

在接地网数字化管理系统中有一个十分重要的可视化功能，就是对接地网缺陷诊断结果进行三维成像显示，成像结果能够直观地对接地网的局部缺陷进行判断，同时能够把握接地网的整体状态。

三维成像可以对接地网的土壤体和接地网埋设情况成像，同时为了清晰地显示接地网支路的缺陷状态，可以隐藏土壤体，只显示接地网网络状态，并可以通过旋转、放大等交互操作对接地网支路局部缺陷进行观察。接地网三维成像如图 4-6 所示。

（a）包含土壤的接地网成像

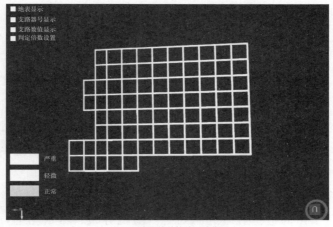

（b）不含土壤的接地网成像

图 4-6　接地网三维成像

4.2.3.2　接地网寿命预测

假设对某变电站接地网的状态进行长期跟踪测量，基于其多年的诊断结果可得出电阻率增大倍数与时间的关系，绘制出接地网腐蚀速率与时间的关系曲线，如图 4-7 所示。

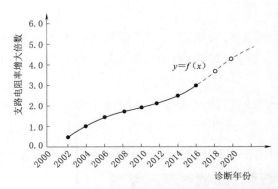

图 4-7　接地网腐蚀速率与时间的关系曲线

对这个曲线进行拟合得到其函数解析关系式：

$$y = f(x)$$

根据这个函数解析式，就可以对接地网的寿命进行预估。

具体实施原理如下：假设当腐蚀诊断的支路电阻率增大 20 倍，即 $y = 35$ 时，根据算法对接地网腐蚀程度的界定关系，认为此时接地网支路会发生严重的腐蚀，其安全运行面临着潜在的威胁。

此时根据曲线的拟合关系式可以求得 x 值，这个值对应相应的诊断时间，这个诊断时间实际上就是该变电站接地网的寿命年限。

根据这种思路，变电站接地网数字化管理评估系统实现对接地网寿命的预测和评估。

4.3　接地网缺陷状态评估现场实验

为了验证基于电阻率成像的接地网支路缺陷诊断方法与开发的相应装置的现场应用效果，在实际的变电站进行了相关实验。

4.3.1　重庆某变电站现场实测

2014 年 8 月 20—21 日，在重庆市某变电站进行了接地网实测实验。该变电站面积为 3575m²，长为 65m，宽为 55m。该变电站属于半户内型变电站，接地网网格大小为 5m×6m，变电站接地网主网结构图及现场测试图如图 4-8（a）所示。

由于该变电站的面积较小，其接地网规模也较小，只需对接地网进行一组数据采集即可完成对整个接地网腐蚀状态的诊断。

本次实验在变电站中选取若干的上引接地体作为测量点，测取接地网中节点电压并进行分析。测量节点的选择遵循的原则是：随机分布、尽量均匀，这样可以确保数据的典型性。在数据的计算过程中，需要对接地网主网结构中的引下线及支路进行编号。每一个引下线作为一个节点，对应一个编号，两个节点之间的导体作为一条计算

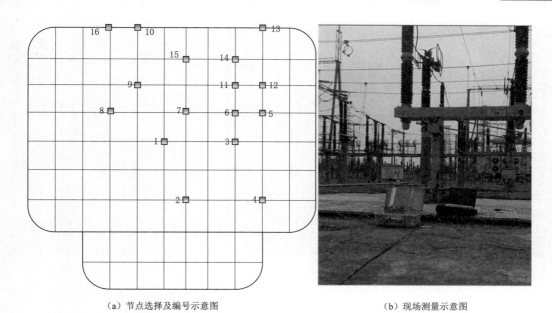

| （a）节点选择及编号示意图 | （b）现场测量示意图 |

图 4-8　变电站接地网主网结构图及现场测试图

支路，对应一个编号。节点选择及编号如图 4-8（a）所示，现场测量示意图如图 4-8（b）所示。所选变电站引出点编号与测试装置接线编号对应表见表 4-4。

表 4-4　　　　　　　所选变电站引出点编号与测试装置接线编号对应表

变电站引出点编号	测试对应接线编号	变电站引出点编号	测试对应接线编号
1	1	9	9
2	2	10	10
3	3	11	11
4	4	12	12
5	5	13	13
6	6	14	14
7	7	15	15
8	8	16	16

利用系统装置采集得到接地网的节点电位数据后，利用接地网缺陷诊断算法对所采集的数据进行分析计算，得到接地网三维成像，接地网缺陷诊断三维成像结果如图 4-9（a）所示。

从三维成像图看出，该接地网支路腐蚀缺陷比较轻微，基本上处于正常范围内，接地性能良好。为了验证诊断效果，现场对靠近变压器 3 节点下的接地网进行开挖检查，开挖结果如图 4-9（b）所示。开挖结果表明该支路扁钢基本上没有发现锈渍和

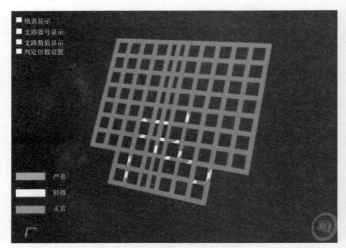

（a）接地网三维成像　　　　　　　　　　　　　　（b）接地网开挖结果

图4-9　接地网缺陷诊断三维成像结果及接地网开挖结果

腐蚀的情况，说明通过系统得到的接地网腐蚀诊断结果与变电站现场的接地网开挖情况相符合，表明该系统良好的诊断效果和实用性。

4.3.2　山东某变电站现场实测

2015年5月21—22日在山东某110kV变电站进行了接地网实测实验。该变电站面积为18400m²，其长为160m，宽115m。接地网的网格为13m×9m，接地网主网结构简图如图4-10所示。

由于该变电站地网面积较大，一次无法完成对整个地网的全部测量，现场实验过程中采用分区测量的方法。将该110kV变电站分为四个区域进行测量。所分区域如图4-10所示，其中区域一到区域三选择16个测量节点，区域四选择8个测量节点。试验时将本项目研发的测量装置的测量通道与接地网上引接地体连接，实现对接地网各节点电压的采集。

现场数据测量步骤如下：

（1）区域划分。将变电站分为4个区域，依次编号为A～D。

（2）引出线选取。在区域一到区域三分别选取16个接地网引出线并编号，例如在A区选取16个引出线依次编号为A_1，A_2，…，A_{16}，以此类推，区域四选取8个测量节点。其中区域的划分以及接地网引出线选取位置如图4-10所示，图中同一深线和形状和标示对应一次测量试验。

（3）数据采集。将接地网检测装置1～16号导线依次接入各个区域中引出线对应位置，引出点编号与测试装置接线编号对应见表4-5，利用系统数据测试装置分别对每个区域进行数据采集。现场测试示意图如图4-11所示。

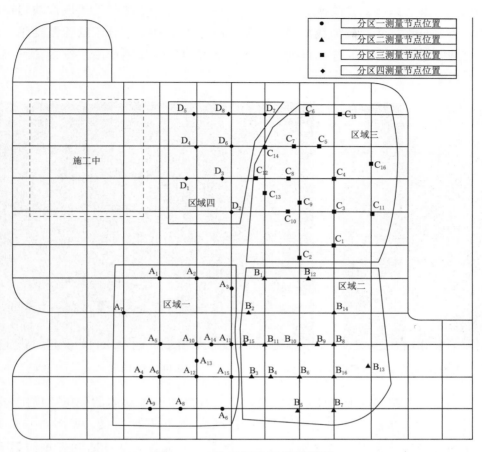

图 4-10 接地网主网结构简图

表 4-5　　　　　**所选变电站引出点编号与测试装置接线编号对应表**

变电站引出点编号	测试对应接线编号	变电站引出点编号	测试应接线编号
A_1 ($B_1 \sim D_1$)	1	A_9 ($B_9 \sim C_9$)	9
A_2 ($B_2 \sim D_2$)	2	A_{10} ($B_{10} \sim C_{10}$)	10
A_3 ($B_3 \sim D_3$)	3	A_{11} ($B_{11} \sim C_{11}$)	11
A_4 ($B_4 \sim D_4$)	4	A_{12} ($B_{12} \sim C_{12}$)	12
A_5 ($B_5 \sim D_5$)	5	A_{13} ($B_{13} \sim C_{13}$)	13
A_6 ($B_6 \sim D_6$)	6	A_{14} ($B_{14} \sim C_{14}$)	14
A_7 ($B_7 \sim D_7$)	7	A_{15} ($B_{15} \sim C_{15}$)	15
A_8 ($B_8 \sim D_8$)	8	A_{16} ($B_{16} \sim C_{16}$)	16

利用系统装置采集到接地网节点电位数据后，利用接地网电阻率成像缺陷诊断算法分别对不同分区采集得到的数据进行分析计算，得到每一个分区的诊断结果，将每一个分区成像结果整合在一起，得到整个变电站接地网的缺陷诊断三维成像结果，如图 4-12 所示。

图 4-11　变电站现场测试示意图

图 4-12　接地网缺陷诊断三维成像结果

为了验证诊断结果的准确性，对接地网最容易发生腐蚀缺陷的变压器周围与避雷器周围的 D_1 和 C_6 节点下的接地网进行开发检查，现场开挖结果，如图 4-13 所示，可以看出接地网支路扁钢上已存锈渍，但整体上基本完好，从诊断和开挖结果看出，整个接地网腐蚀缺陷比较轻微。

图 4-13　变电站地网开挖结果

4.3.3　明河变电站接地网概况

2014 年 10 月 10—11 日在河南明河变电站进行了接地网现场实测，220kV 明河变电站建于 2000 年，其面积为 25200m²，长为 180m，宽为 140m。该变电站接地网的网格尺寸为 30m×16m，变电站接地网主网结构如图 4-14 所示。

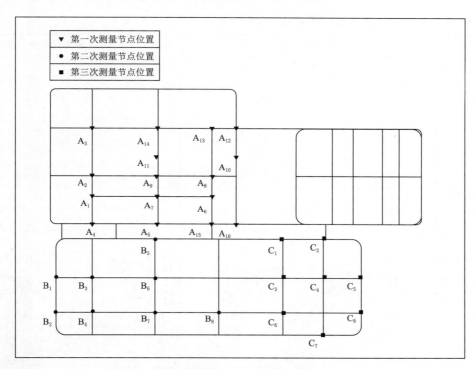

图 4-14　明河变电站接地网主网结构图

由于该变电站地网面积较大，一次无法完成对整个地网的全部测量，现场实验过程中采用分区测量的方法。变电站接地网区域划分的原则是：①所划分的区域尽量覆盖变电站接地网的主要架构；②不同的分区之间要有公共的测量节点。

根据上述变电站接地网区域划分原则，将该 110kV 变电站分为三个区域进行测量。所分区域示意图如图 4-14 所示，区域二和区域三选择 16 个测量节点，区域一选择 8 个测量节点。试验时将测量装置的测量通道与接地网可及节点引下线导体连接，实现对接地网各节点电压的采集。

数据测量步骤如下：

（1）区域划分。按照变电站的主要架构布局特点，将变电站分为 3 个区域依次编号为 A~C。

（2）引出线选取。在二、三区域分别选取 16 个接地网引出线并编号，一区域选取 8 个引出线并编号。例如在 A 区选取 16 个引出线依次编号为 A₁，A₂，…，A₁₆，以此类推。其中区域的划分以及接地网引出线选取位置如图 4 - 14 所示，图中一种颜色对应一次测量试验。

（3）数据采集。将接地网检测装置的各个通道依次与各个区域中所选择的对应引出线连接，引出点编号与检测装置接线编号对应关系见表 4 - 6，利用多通道自动循环装置对每个区域进行数据采集。明河变电站现场测试示意图如图 4 - 15 所示。

表 4 - 6   **变电站引出点编号与测试装置接线编号对应表**

引出点编号	装置对应接线编号	引出点编号	装置对应接线编号
A_1（$B_1 \sim C_1$）	1	A_9（B_9）	9
A_2（$B_2 \sim C_2$）	2	A_{10}（B_{10}）	10
A_3（$B_3 \sim C_3$）	3	A_{11}（B_{11}）	11
A_4（$B_4 \sim C_4$）	4	A_{12}（B_{12}）	12
A_5（$B_5 \sim C_5$）	5	A_{13}（B_{13}）	13
A_6（$B_6 \sim C_6$）	6	A_{14}（B_{14}）	14
A_7（$B_7 \sim C_7$）	7	A_{15}（B_{15}）	15
A_8（$B_8 \sim C_8$）	8	A_{16}（B_{16}）	16

图 4 - 15 明河变电站现场测试示意图

在系统装置采集得到接地网的节点电位数据后，利用接地网电阻率成像诊断算法分别对不同分区所采集得到的数据进行分析计算，得到接地网缺陷诊断三维成像结果，如图 4 - 16 所示。

由上述缺陷诊断结果可知，接地网明显的轻微腐蚀区域比较多，同时在节点处存在严重腐蚀的情况，一条支路存在断裂现象。

为了验证诊断结果的准确性，根据诊断结果对相关诊断支路增大倍数较大的对应接地网进行开挖验证，明河变电站地网开挖结果如图 4 - 17 所示。

从开挖结果看出，在支路的主体部分存在轻微的腐蚀，而在接地网支路的节点处

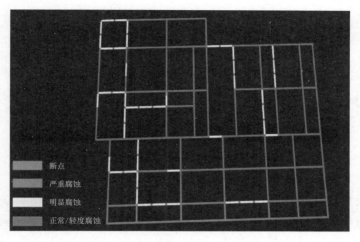

图 4-16　接地网缺陷诊断三维成像结果

（a）支路主体轻微腐蚀　　　　（b）引下线断裂　　　　（c）节点处严重缺陷

图 4-17　明河变电站地网开挖结果

存在较为严重的腐蚀，甚至存在和引下线断开的现象。

上述算法诊断结果与实际的变电站接地网开挖结果表明：在明河变电站缺陷诊断中，根据本算法对腐蚀程度界定判据，可以判定该变电站接地网除了一些局部的接地网节点处腐蚀较为严重外，其他支路只存在一些轻微的腐蚀。这与实际开挖的接地网扁钢情况相符合，验证了系统测量装置与诊断算法的工程实用性。

通过现场的实验与开挖验证，可以看出接地网的支路主体一般发生腐蚀的程度较低，而在节点处以及引下线的连接处，由于焊接不良等原因，容易造成较为严重的腐蚀。并且，在变电站的变压器中心点和避雷器附近，接地网的腐蚀缺陷一般相对其他地方严重，应该是诊断中重点关注的区域。因此，在接地网缺陷诊断后的检修改造工作中，研究了改性石墨接地材料和放热熔钎焊技术对接地网局部缺陷进行检修和对不良处的重焊。

第 5 章

接地网高可靠放热熔钎焊技术

电力工程常用接地材料为镀锌钢和镀铜钢，耐酸碱腐蚀性差，对阴极保护造成困扰，且存在污染水土资源等缺点，日渐不能满足接地装置全周期寿命要求。为提高接地网材料的耐腐蚀性能，新型接地网材料被逐渐应用于电力工程接地系统，主要有不锈钢包钢、石墨包覆多股绞线、敷碳层钢筋等，但传统焊接方法受人工技术水平限制，接头质量难以保证，且新型接地网材料焊接难度大。长期以来由于对接地系统的电气性能要求不高，在采用钢材作为接地导体时导体间连接工艺往往采用电阻焊、焊条电弧焊等方法进行焊接。这些焊接方式的电焊焊接设备复杂，接头质量受人为因素影响较大，焊接本身又对焊接母材造成破坏，土壤中酸或碱等对接头的腐蚀等都无法使接地系统保持高效而又长期稳定的运行。此外，电力工程接地网焊接场所大都在野外，采用手工电弧焊需焊机、发电机等，施工极其不便。

放热焊接（又称铝热焊接）是一种简单、高效率、高质量的金属连接工艺，利用金属与化合物的化学反应热作为热源，通过被还原熔融金属直接或间接加热工作，在特制的模具型腔中形成符合工程需求的熔焊接头，可实现铁与铁、钢与钢、钢与铁、铜与铜、铜与钢的连接。相比电焊、钎焊、压接等其他连接工艺，放热焊接具有高效率、高质量、熔接点截流能力强、永久分子结合等诸多优点，可应用于发电厂、变电站、输电线路杆塔、通信基站、铁路、城铁与地铁、各种高层建筑、微波中继站、网络机房、石油化工厂、储油库等场所防雷接地、防静电接地、保护接地、工作接地等接地装置的连接。但调查研究发现，放热焊焊接技术在电力系统接地网工程应用中存在以下突出问题：

（1）电力工程接地网材料熔钎焊放热及传热机理研究未见相关报道，焊粉成分设计、焊粉用量、模具设计等缺乏理论支撑，放热焊时热量难以精准控制，如果温度过高，导致金属母材大量熔化于填充金属中，热影响区组织恶化，接头耐腐蚀性和强度降低；如果温度偏低，金属母材表面不熔化，结合界面不能良好结合，造成接头强度和抗电涌等性能不足。

（2）国内市售放热焊粉良莠不齐，焊接接头极易产生气孔、夹渣、热裂等缺陷，导致焊接接头存在强度低、导电性差以及耐腐蚀性差等诸多问题，存在较大安全隐患。进口焊粉质量较好但价格高、规格少、供货周期长，易受制于国外供应商，难以推广应用。

（3）现有模具结构设计不合理，气体、氧化铝等渣质无法快速从焊接接头排出，严重情况下会出现铜液无法下流造成模具损坏；模具一般在使用 50 次后破损或变形，密闭性变差，造成填充金属流失。模具普遍采用石墨材质，使用过程中极易发生磕碰引起损坏、报废，从而增加施工成本。

（4）缺乏电力工程接地网放热焊施工工艺及技术规范，现场焊接工艺千差万别，导致焊接接头缺陷率明显偏高，严重影响放热焊技术的推广应用，亟须制定电力工程接地系统放热焊的技术要求、质量标准等，保障电力工程接地装置的工程质量。

因此，本项目面向各类电力工程接地网材料，开展放热熔钎焊连接技术研究，对放热焊生热、传热进行理论计算、模拟分析，在此基础上开发系列放热熔钎焊用焊粉、模具，提升了接地网材料焊接接头质量及可靠性，依托开发的技术，开展工程应用与技术验证，并研究制定配套技术标准。

5.1 接地网放热熔钎焊机理研究

放热焊是利用化学反应（燃烧）产生的超高热和自传导作用来完成的焊接，属于自蔓延高温合成技术的一种，它是以氧化剂自身释放的化学能为焊接热源使反应产物和母材熔化，通过润湿、扩散及反应结晶等机制实现牢固结合的新型焊接方法。由于放热焊时热量难以精准控制，如果温度过高，导致金属母材大量熔化于填充金属中，热影响区组织恶化，接头耐腐蚀性和强度降低；如果温度偏低，金属母材表面不熔化，结合界面不能良好结合，接头强度和抗电涌等性能不足。

为解决接地网放热焊存在的这些问题，研究了接地网材料用放热熔钎焊技术，将钎焊的理念引入放热焊，在放热焊粉中添加易与金属母材润湿的成分，和可去除金属母材表面氧化物的组分。焊接过程中，金属母材局部熔化，为熔化焊，其余部位不熔化，为钎焊。钎焊过程中，金属母材表面氧化皮被添加的活性物质去除，进而含促润湿元素的填充金属在金属母材表面润湿铺展，从而实现原子间结合。放热焊接过程中，高温铜液的热，一方面由模具吸热，另一方面被焊母材吸收，在瞬间降低了放热反应生成铜液的填充温度，此刻铜液的温度往往会低于被焊母材的熔化温度，会在被焊母材最后接触高温铜液的区域形成钎焊连接特性。因此，放热焊接过程实现了熔钎焊的连接效果，即局部熔化焊，局部钎焊。

放热熔钎焊能否顺利进行的关键在于反应生成热是否可以使母材和反应物熔化，这一方面和化学反应（燃烧）生成的总热量有关，其决定了反应后系统能达到的最高温度，另一方面和反应生成热量的传导有关，其决定了能够有效利用的反应热。研究放热熔钎焊的接头成形机理，对于揭示接头形成的冶金机制，指导焊粉成分开发的精准设计具有重要意义。

5.1.1　放热熔钎焊的反应机理

放热焊接是一个复杂的自燃烧、高放热过程，由于该过程的高温和快速等特点，使得对过程的研究相当困难。因此，通过热力学分析，了解可能发生的结果显得更为重要，热力学计算是研究放热焊接的有效方法，有助于对过程产物的温度和成分进行调控。热力学分析的主要任务是在绝热条件下，即所有反应释放的热量全部用来加热反应过程中合成的产物时，根据质量和能量守恒及化学位（Gibbs 自由能）最低原理，进行体系的反应温度与产物的平衡成分理论计算，预期计算结果将为放热熔钎焊专用高品质焊粉的成分设计提供理论指导。

根据热力学原理，任一化学反应能够进行的必要条件为

$$\Delta G_T^{\ominus} = \sum n_i (G_T)_{i,P} - \sum n_i (G_T)_{j,T} < 0 \tag{5-1}$$

式中　$\Delta G_T^{\ominus}$——温度 T 时反应的自由能变化；

$\qquad n_i$——第 i 种物质的量；

$\quad (G_T)_{i,P}$——物质在温度 T 时的自由焓；

$\qquad j$——反应物；

$\qquad P$——生成物。

只要 $\Delta G_T^{\ominus}$ 为负，反应就能够自发进行。

吉布斯自由能利用物质吉布斯自由能函数法来计算，即

$$\Delta G_T^{\ominus} = \Delta H_{298}^{\ominus} - T \Delta \varphi_T \tag{5-2}$$

$$\Delta H_T^{\ominus} = \sum (n_i H_{i,T})_{生成物} - \sum (n_i H_{j,T})_{反应物} \tag{5-3}$$

$$\Delta \varphi_T = \sum (n_i \varphi_{i,T})_{生成物} - \sum (n_i \varphi_{j,T})_{反应物} \tag{5-4}$$

式中　$\Delta H_{298}^{\ominus}$——标准反应热效应；

$\qquad H_{i,T}$——纯物质 i 在温度 T 时的标准反应热效应；

$\qquad \Delta \varphi_T$——反应吉布斯自由能函数；

$\qquad \varphi_{i,T}$——纯物质 i 在温度 T 时的吉布斯自由能函数。

利用吉布斯自由能所计算的是每个温度点反应的吉布斯自由能，在使用上不是很方便，一般采用回归法将吉布斯自由能转换为标准反应吉布斯自由能二项式。

热力学计算的基本方程为吉布斯·亥姆霍兹（Gibbs - Helmholtz）方程和基尔霍夫（Kirchhoff）方程，即

$$d\left(\frac{\Delta G_T^{\ominus}}{T}\right) = -\frac{\Delta H_T^{\ominus}}{T^2} dT \tag{5-5}$$

$$d\Delta H_T^{\ominus} = \Delta C_p dT \tag{5-6}$$

式中　ΔC_p——生成物摩尔定压热容之和与反应物摩尔定压热容之和的差值，即反应热容差，简称热容差。

ΔC_p 可以表示为

$$\Delta C_p = \sum (n_i C_{p,i})_{生成物} - \sum (n_i C_{p,i})_{反应物} \tag{5-7}$$

式中　　n_i——参与反应的物质的量（系数）。

而物质摩尔定压热容 ΔC_p 随温度变化的规律可以表示为

$$\Delta C_p = A_1 + A_2 \times 10^{-3} T + A_3 \times 10^5 T^{-2} + A_4 \times 10^{-6} T^2 + A_5 \times 10^8 T^{-3} \tag{5-8}$$

若已知参与反应各物质在常温下的标准摩尔生成热 $\Delta H^{\ominus}_{i,f,298}$，其可表示为

$$\Delta H^{\ominus}_{i,f,298} = \sum (n_i H^{\ominus}_{i,f,298})_{生成物} - \sum (n_i H^{\ominus}_{i,f,298})_{反应物} \tag{5-9}$$

对 1mol 纯物质，其 C_p 与焓 ΔH 的关系为

$$C_p = \frac{\mathrm{d}H}{\mathrm{d}t} \tag{5-10}$$

在常温与温度 T 间积分式（5-10），得

$$H^{\ominus}_T - H^{\ominus}_{298} = \int_{298}^T C_p \mathrm{d}t \tag{5-11}$$

式中　　$H^{\ominus}_T - H^{\ominus}_{298}$——标准摩尔生成焓，简称相对焓，它是指 1mol 纯物质在标准大气
压下温度由 298K 上升到 T 时的焓差，亦可理解为 1mol 纯物质
在标准大气压下温度由 298K 上升到 T 时所吸收的热量（恒压
热）。

这样，如果物质为 n mol，则吸收的热量为

$$n(H^{\ominus}_T - H^{\ominus}_{298}) = n\int_{298}^T C_p \mathrm{d}T \tag{5-12}$$

式（5-12）只适用于物质在研究的温度区间没有发生相变的情况。

若物质在研究的温度区间发生固态相变，则基本计算公式为

$$H^{\ominus}_T - H^{\ominus}_{298} = \int_{298}^{T_r} C_p \mathrm{d}T + \Delta H_{T_r} + \int_{T_r}^T C'_p \mathrm{d}T \tag{5-13}$$

其中　　T_r——相变温度；

ΔH_{T_r}——相变过程的焓变。

若物质在研究的温度区间不发生固相转变但发生熔化，则基本计算公式为

$$H^{\ominus}_T - H^{\ominus}_{298} = \int_{298}^{T_m} C_p \mathrm{d}T + \theta \Delta H_m + \int_{T_m}^T C''_p \mathrm{d}T \tag{5-14}$$

式中　　T_m——某组分的熔点；

θ——发生熔化物质的百分数；

ΔH_m——该组分的熔解热。

若物质在所研究的温度区间既发生固相转变，同时又发生熔化，则基本计算公
式为

$$H_T^\Theta - H_{298}^\Theta = \int_{298}^{T_r} C_p \mathrm{d}T + \Delta H_{T_r} + \int_{T_r}^{T_m} C_p' \mathrm{d}T + \Delta H_m + \int_{T_m}^{T_\beta} C_p'' \mathrm{d}T + \Delta H_\beta + \int_{T_\beta}^{T} C_p''' \mathrm{d}T$$

$$(5-15)$$

式中 C_p、C_p'、C_p''、C_p'''——生成物的低温固态、高温固态、液态和气态的摩尔热容。

放热反应的绝热温度是指焊粉反应的放热体系能达到的最高温度，它是放热反应最重要的热力参数，是判断体系能否自我维持反应以及反应的放热能否使产物熔化或者气化的重要判据。放热焊粉反应绝热温度还可以对反应产物的状态进行预测，并可为焊粉的成分设计提供理论依据。

焊粉反应绝热温度可以通过在绝热条件下，焊粉发生放热反应生成的热量全部用于加热生成物和添加物的方法从理论上计算。项目放热焊接主要化学反应方程式为

$$2Al + 3CuO \Longrightarrow Al_2O_3 + 3Cu \qquad (5-16)$$

$$2Al + 3Cu_2O \Longrightarrow Al_2O_3 + 6Cu \qquad (5-17)$$

因为反应是通过使用大量的铝和氧化铜产生的热量来熔化反应产生的铜和合金添加物，所以可以通过加入氧化铜的量来计算对应加入铝粉的量。

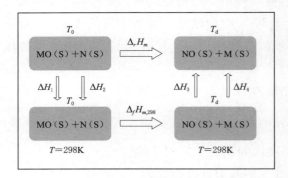

图 5-1 绝热温度计算反应状态图

根据放热反应理论，利用热力学平衡方程和热力学参数计算绝热温度的原则是假定反应是在绝热条件发生，且反应物 100% 按照化学计量进行放热反应，它所放出的热量全部用于加热生成物和添加物。由此可用状态函数法计算出燃烧反应的最高温度 T_{ad} 的值，绝热温度计算反应状态如图 5-1 所示。

其中 MO 代表氧化物 CuO 和 Cu_2O，N 代表还原剂 Al，由于反应在很短时间内完成，故可以假设反应是在绝热、等容、等压、不作体积功的条件下进行。

通过以上推导并结合热力学数据就可以计算出特定成分放热焊粉反应生成的铜液绝热温度。现结合表 5-1 中的热力学数据对实际应用中不同成分的放热焊粉进行生热绝热温度的计算，计算过程汇总相关材料的热力学参数，查阅《无机物热力学数据手册》得到。

表 5-1 放热反应绝热温度计算用相关热力学参数

材　料	$\Delta H_{f,298}^\Theta / (\mathrm{J/mol})$	$\Delta H_m / (\mathrm{J/mol})$
Al_2O_3	−1675274	118407
Cu	0	13263
CuO	−155854	55368
Cu_2O	−170289	56819

表 5-1 中，设定焊粉的初始温度为 25℃，所用焊粉总重量为 250g，以 Al 和 CuO、Cu_2O 按放热反应方程式配比充分反应，反应开始时反应物及添加物均为固态，结束后均为液态。

当焊粉由 CuO、Al、Cu 组成，其中 CuO、Al 完全反应。经计算，当 CuO 质量分数为 25.1％时绝热温度达到最高值 2575℃，随着 CuO 含量的增加，温度不再增加，反应产生的热量继续增加，CuO 质量分数为 81.6％时热量达到最高值 1026.6kJ。CuO 质量分数每增加 1％，绝热温度增加 101.8℃，热量增加 12.6kJ。

当焊粉由 Cu_2O、Al、Cu 组成，其中 Cu_2O、Al 完全反应。经计算，当 Cu_2O 质量分数为 66.2％时绝热温度达到最高值 2575℃，随着 Cu_2O 含量的增加，温度不再增加，反应产生的热量继续增加，Cu_2O 质量分数为 88.9％时热量达到最高值 599.1kJ。Cu_2O 质量分数每增加 1％，绝热温度增加 38.6℃，热量增加 6.7kJ。

几种不同成分配比的放热焊粉经过放热反应后生成的绝热温度及热量计算结果见表 5-2。

表 5-2　　　　　　　几种不同配比焊粉反应后生成的绝热温度及热量

焊粉编号	初始温度 T_0/℃	焊粉质量 /g	CuO /％	Cu_2O /％	Cu /％	Al /％	绝热温度 T_{ad}/℃	生热 /kJ
1	25	250	81.6	0	0	18.4	2575	1026.6
2	25	250	60	10	15.2	14.8	2575	822.2
3	25	250	0	88.9	0	11.1	2575	599.1
4	25	250	40	0	51	9	2575	503.2
5	25	250	0	40	52.5	7.5	1878	404.6
6	25	250	10	30	54	6	2207	328.2

注　其中的百分数为质量分数。

5.1.2　放热熔钎焊过程传热机理

放热焊接头连接质量的影响因素众多。其中，在放热焊接过程中，接头熔接质量与整个反应、熔接场的温度场分布直接相关。由放热焊生热理论计算，以 Al 和 CuO 为焊粉基体的放热反应生成的铜液绝热温度高达 2500℃以上。由于放热反应时间非常短，通常焊粉充分反应持续时间短于 1s，生成的高温铜液在瞬间熔化反应腔底部的隔断铁片（或铜片），高温溶液在重力作用以及反应生成的烟尘巨大气压作用下，迅速沿引流腔道注入反应熔接腔体内，沿被焊母材四周全方位流淌并完成包裹、焊接过程，从而形成熔接接头。

铜液与被焊母材瞬间接触时，当高温铜液的温度高于被连接材料的熔化温度，被连接材料瞬间熔化;当温度介于填充材料熔化温度和被连接材料熔化温度之间,产生钎焊连接;铜液温度过低时,高温铜液与被焊接母材温度场均匀化后如果温度场过低,则铜液随即凝固无法产生有效的冶金结合与连接,此时则出现未熔合缺陷。

通过放热反应产生的热量,形成过热的填充金属熔液,填充熔液在充型过程中将其热量传导至被连接材料与模具。被连接材料加热温度的准确控制对于连接接头的质量至关重要,温度过高,被连接材料熔化过多,接头强度下降,且耐腐蚀层被大量破坏;温度偏低,填充材料与被连接材料不能进行良好冶金反应,甚至填充型腔不足,接头强度下降,而且温度偏低,凝固时间短,气体和夹杂没有充分的时间排出,接头气孔率上升,导电性能下降。

为研究放热熔钎焊接头形成机理,采用 JScast 软件对接地网材料放热焊过程温度场变化进行了建模模拟分析。JScast 软件适用于以压力铸造和重力铸造为代表的几乎所有铸造工艺及各种合金材料和造型材料。可根据充填流动、速度分布等计算结果,准确预测卷气、夹杂、充填不良、冷隔和流痕等流动缺陷,也可根据凝固顺序、凝固时间、温度梯度等准确预测缩孔、缩松、气孔等凝固缺陷。

通过三维模拟软件 SolidWorks 对模具进行实体造型,再倒入 JScast 软件进行铸型定义和网格划分,为兼顾运算速度和精度,这里采用等间隔网格剖分法对整个计算域进行剖分,再利用网格线的增加与删除命令,对模型之外的网格进行部分删除,实现对接头部位细剖分。浇注材料为纯铜液,模具材料为石墨。材料的边界条件为:浇铸温度 2400℃,模具初始温度为 25℃,浇铸时间为 1s。其他参数采用纯铜默认值。

考虑到接地网放热焊接过程十分复杂,热传导、高温液体流动填充、模具材质与间隙等多因素综合作用,以及在极端高温材料热力学参数缺失的情况下,研究将放热焊接模型简化,只对接头温度场进行定性模拟分析,以帮助研究人员理解放热熔钎焊接头形成机制。图 5-2(a)为被连接材料初始接触高温填充铜液时的温度场分布,这一阶段热传导随即开始,图 5-2(b)为放热熔接过程中填充铜液与钢棒温度场分布。最先接触铜液的铜棒表面瞬间高温,设定高温铜液初始温度为 2400℃。

(a)放热熔接初始温度场　　　　　　　　(b)放热熔接过程温度场

图 5-2　放热焊接填充材料和被连接材料模拟温度场分布

通过软件模拟结果可以看出，当被连接材料为圆棒时，其顶部最先接触填充熔液，且有未完全填充的高温熔液持续在顶端流下来，在接触瞬间顶端温度最高，底部温度最低。钢棒不同部位温度与时间变化曲线图如图5-3所示。当填充铜液温度为2400℃时，钢棒中心部位最高温度达到1487℃，最底部温度达到1297℃。由此可以推断，钢棒中心部位已接近钢的熔化温度，可以推断在钢棒最顶部即率先接触铜液温度非常高，已远高于钢的熔点，故导致钢棒局部熔化。而在钢棒底部，由于温度相对较低，形成了钎焊连接的效果。

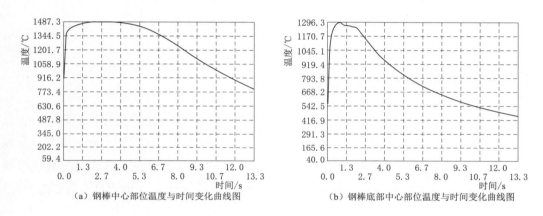

（a）钢棒中心部位温度与时间变化曲线图　　　　（b）钢棒底部中心部位温度与时间变化曲线图

图5-3　钢棒不同部位温度与时间变化曲线图

5.1.3　放热熔钎焊形成机制

采用计算机模拟，可以对不同材料、不同结构的接地网连接材料放热熔钎焊过程进行分析，确定最适宜的填充金属量以及加热温度，以指导放热焊粉的开发和放热焊模具的设计。基于生热计算以及传热模拟分析结果，接地网放热焊用焊粉依据不同的成分配比，调节铜液的量和生热量，可以实现接头成形过程的协调控制。在氧化铜含量较高的情况下，焊粉反应后生成热量较多，铜液温度较高，接头连接机制由熔钎焊逐步向钎焊过渡，放热熔钎焊接头形成机制如图5-4所示。在放热焊粉生热量较大的情况下，接地材料母材近半熔化，形成图5-4（a）中模式Ⅰ所示的上部熔焊，下部钎焊的熔钎焊接头成形模式。随着放热焊粉成分的调整，反应温度逐渐降低，生热量也逐渐减少，形成如图5-4（b）中模式Ⅱ所示的熔钎焊成形模式，接地网材料母材顶部少量熔化，大部分焊接区域形成钎焊连接界面。进一步以氧化亚铜和铝粉为基体，添加铜粉，则能进一步降低反应温度和生热量，形成如图5-4（c）中模式Ⅲ所示的近乎全部钎焊连接的接头成形模式，仅在接头顶部母材出现微量的熔化现象。

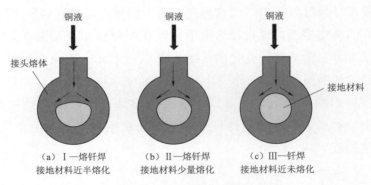

（a）Ⅰ—熔钎焊　　　　（b）Ⅱ—熔钎焊　　　　（c）Ⅲ—钎焊
接地材料近半熔化　　　接地材料少量熔化　　　接地材料近未熔化

图 5-4　放热熔钎焊接头形成机制

5.2　高品质放热焊粉研发

　　焊粉对接地网连接的安全、质量和经济性很重要。焊粉质量不合格导致的问题有：焊接接头的熔点过低，无法达到和母材相当的熔点，焊接过程中有剧烈的喷溅现象，对施焊人员的安全不利；接头内部存在夹杂和气孔等。为此研制性能优异和价格合适的放热焊粉产品，并且规范接头的检验技术条件，对于提高施工质量、降低施工成本具有重要的意义。

5.2.1　放热焊接接头缺欠表征及形成机理

　　国内生产的焊粉普遍存在以下问题：①焊粉主要成分为铝粉、铜的氧化物、铜粉。它们的纯度必须符合《电解铜粉》（GB/T 5246—2007）相关标准的规定要求。但不少国内生产厂家为了节约成本，在焊粉中添加大量价格便宜的锡，虽然可以使接头外表面看起来光滑整洁，但接头的导电性却降低，热稳定性也达不到要求；②部分厂家生产的放热焊接所用模具的加工精度不够，模具结合部存在较大的空隙，空隙处在焊接时往往会流出铜液，导致接头焊接不完全，焊接部位不紧固；③生产的药粉纯度不够，杂质较多，焊接接头内部存在大量的气孔，切开接头内部便可以看到许多空腔，并且焊渣大，接头处电阻高；④有的厂家为了降低焊粉的起燃点加入磷，导致了高温环境下（如夏季阳光直晒）容易自燃，存在严重安全隐患；⑤焊接接头的强度低，焊粉熔化不完全等。为了指导新型高品质焊粉的开发，首先对现有国产焊粉放热焊形成的缺欠进行分析并与国外焊粉放热焊的接头进行对比，其次确定缺欠形成的原因，最后明确焊粉开发方向（即需要解决的问题），指导焊粉开发。

5.2.1.1　焊接接头缺欠表征

　　目前，我国国内电力工程及建筑防雷装置接地材料连接用放热焊粉的生产厂家众多，产品品质良莠不齐，电力接地焊接也缺乏相关行业标准，导致电力工程接地网焊接质量难以得到可靠、有效的保证，存在较大安全隐患。项目组基于长期、大量工艺试验研究和接地网放热熔钎焊施工现场数据采集，结合金属凝固学和钎焊原理，分别对气孔、夹渣、热裂纹等放热焊接接头形式缺欠进行系统分析与表征，分析形成原因，并给出针对性的解决思路，用于指导本项目针对电力工程接地网材料放热熔钎焊工程应用专用放热焊粉的成分设计和制备。

针对目前电力工程中放热焊接的铜包钢、不锈钢包钢接头，对接头内、外部成形质量进行系统分析，对其接头缺欠进行了归纳总结。

1. 气孔

气孔是电力工程接地网放热焊接接头中最常见的缺陷之一，也是对接头性能影响最大的缺陷类型。通常来讲，铸件中的气孔是金属在凝固过程中产生和放出的气体无法顺利排出形成的，其内表面是光滑的，一般呈圆形或椭圆形剖面。对于同一批次的接头，需在其中抽取部分试样进行剖面缺陷检验，沿接头径向剖切后，观察剖面是否有气孔及夹渣存在。

放热焊接接头内部气孔缺欠如图 5-5 所示。从图 5-5 可以看出，国内市售放热焊粉焊接的不锈钢包钢接头内部出现大量气孔和夹杂物，且气孔呈环形分布，冒口处区域也出现较多大气孔聚集，氧化铝残渣粘连在冒口处不易去除。按其形成部位分为

（a）接头内部气孔缺陷

（b）典型环形气孔缺陷

（c）典型贯穿型气孔缺陷

图 5-5 放热焊接接头内部气孔缺欠

内部气孔和皮下气孔两种。内部气孔在焊缝整个断面内均可出现，气孔尺寸大小不一，可独立形成也可连续形成多孔状出现。皮下气孔紧靠表皮下产生，一般在焊接接头底部及两侧容易产生。

放热焊接接头气孔缺陷的形成原因可归纳为以下几点：①所用放热焊粉的成分配比不当，焊粉反应后生成的高温熔体温度偏低，导致熔体黏度过大，从而使得熔体内部气体无法顺利排出；②焊粉受潮，或者焊粉中有油污，反应过程中水分、油污挥发逸出从而导致气孔；③模具透气性不良，排气不畅，模具潮湿等；④焊接时模具温度过高，施工过程中反复使用模具频率过高导致模具未冷却，此时实施焊接易导致接头表面气孔，或者接头表面不光滑，应采用冷模实施焊接。

2. 夹渣

夹渣也是放热焊接头铸造组织中常见的缺陷之一。夹渣是由于反应熔渣即氧化铝或其他夹杂物溶解进入焊缝熔体而造成的，如未能全部熔化的金属块或混入焊粉中的其他金属或非金属夹杂物。在进行放热反应中，生成的氧化铝熔渣未能及时上浮排出而在熔体内部凝固形成夹渣，如图5-6所示。

（a）放热焊接接头内部夹渣

（b）放热焊接接头外部夹渣

图5-6 放热焊接接地网接头夹渣缺陷

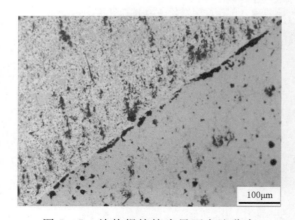

100μm

图5-7 放热焊接接头界面夹渣分布

对接头截面形貌金相分析，不锈钢包钢放热焊接接头界面夹渣分布如图5-7所示。接头内部及界面存在大量灰黑色夹杂物，尤其在铜/不锈钢界面出现条状夹杂物，表明焊粉去除夹渣能力不强，导致液态铜液凝固过程中产生的氧化铝残渣无法顺利排出。接头内部夹渣形成主要原因为：①所用放热焊粉原材料纯度不够或成分配比不当，熔体杂质较多，排渣能力不足，熔液凝固过程中夹渣无法顺利排出；②模具未及时覆盖型腔口，使杂质进入；凝固快，熔渣来不及浮出就形成夹渣；③接头焊接面不清洁，有污染。

3. 裂纹

在接头凝固过程中稍低于其凝固点的一定温度范围内，接头强度较低，由于产生了收缩应力或受到外力超过了该温度范围内接头熔体的强度极限时，就会产生裂纹或断裂，这种在高温区形成的断裂称为热裂，如图5-8所示。

（a）焊接接头裂纹缺欠（不锈钢包钢）　　　　　　（b）焊接接头裂纹缺欠（铜包钢）

图5-8　放热焊接接头裂纹缺欠

裂纹形成原因：①焊接过程中焊缝有移动、受拉，存在较大的拉应力；②过早打开模具，使焊接接头提前受力，特别在低温时，焊缝由于受到急冷，加快收缩，加大了收缩应力，在高温区形成热裂；③熔体过于脆硬。

4. 未熔合

焊接接头界面出现部分未熔合区域，主要分布在熔体铜与钢的焊接冶金界面，放热反应生成的铜液温度偏低无法保证熔接接头全方位的完全焊合即出现部分未熔合区域，主要出现在模具反应型腔底部，焊接接头内部未熔合缺欠如图5-9所示。

形成原因：放热焊粉成分配比不当，反应生热不足导致铜液温度不足，当铜液自上而下填充型腔时，底部铜液温度不够而导致在界面无法形成完好冶金结合；母材表面有污物，不利于界面产生冶金结合从而形成未熔合。

5.2.1.2　进口焊粉放热焊接接头形貌

在同样的接头母材、接头形式和焊接工艺下，采用国外进口ATI Tectoniks系列Tectoweld焊粉获得的放热焊接不锈钢包钢接头断面非常完好，接头截面形貌如图5-10所示。可以明显看出，接头界面基本无明显气孔、夹杂等缺欠，熔体与母材之间也形成很好的冶金结合，

图5-9　焊接接头内部未熔合缺欠

无裂纹、未熔合等缺陷。接头熔体与钢焊接界面金相组织如图 5-11 所示，与国内市售焊粉焊接接头界面组织相比，进口焊粉焊接接头铜/钢界面洁净度大大提高，基本无夹杂物，界面清晰。

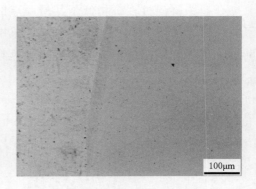

图 5-10　进口焊粉焊接接头截面形貌　　图 5-11　进口焊粉焊接接头界面金相组织

　　进口焊粉的焊接母材、工艺以及接头形式和国产焊粉焊接完全相同，由此可知，上述国产焊粉焊接出现的气孔、夹杂、裂纹等缺陷与焊粉的成分息息相关，通过焊粉成分的调整，可以实现焊接接头的优质化。

5.2.1.3　接头典型缺欠形成机理

　　根据放热焊原理，放热焊粉在引燃剂的催化作用下发生化学反应，可生成温度高达 2500℃ 的高温铜液，充分反应后生成的铜液沿模具腔道快速流入熔接腔内包围被焊接地材料，短时间内凝固后形成焊接接头。因此，放热焊接头的形成属于典型的凝固过程。由金属凝固原理可知，接头内部气孔是典型的凝固缺陷，接头在铜液凝固过程中产生和放出的气体未及时排出形成气孔。

　　气孔类缺陷是铜合金铸件发生概率较大的一种缺陷。造成气孔的主要因素是氢、氧以及空气。氢是对铜合金铸件最有害的气体，是造成气孔缺陷的主要气源。氢在铜中的溶解度主要与合金温度、氢气压力以及合金成分有关。氢在铜中的溶解度随温度的升高而升高，在 1200℃ 时，100kg 铜液中大约能溶解 8L 氢，而合金中加入 Ni、Mn 等元素，冶炼吸气现象更为严重，实际生产中发现铝青铜、锡青铜铸件比其他类铸件产生气孔的可能性更大。接地网放热熔钎焊反应后生成高温铜液，其理想状态下是高温纯铜液，高温纯铜液瞬间流入熔接腔体，并熔化被焊钢基体材料，铜液成分变成富含 Ni、Mn、Fe、Al、Sn 等合金元素的合金溶液，吸气现象更为显著，冷却时溶解度急剧下降，氢不能完全排出，以气泡形式析出，从而在熔接接头内部形成气孔。然而，电力工程接地网放热焊接过程中，接头的焊接环境为大气环境，属于氧化气氛，氢气压力非常小，氢除了直接来自原料、模具外，主要是由水汽分解所产生的，水汽遇到 Al、Si、Mn 等金属元素时，元素被氧化，水被分解，产生氢并溶于铜液中。

因此，接地网放热焊接要避免氢引起的气孔，应最大可能降低焊接工艺水分，将焊粉、模具完全烘干。氮气、二氧化碳等气体对铜液呈中性，不溶于铜液中。氧气与铜液之间发生氧化反应，生成 Cu_2O，Cu_2O 溶于铜液中，使合金发脆，并且形成氧化物夹渣。铜合金冶炼时通常采用覆碳除氧，或者木棒搅拌，或者用磷来除氧。在锡青铜的冶炼中必须添加 $0.03\%\sim0.06\%$ 的磷来脱氧，以改善其铸造性能，但过量的磷易产生脆性相 Cu_3P，且使得铜合金着色效果降低。

放热熔钎焊接头内部气孔也有可能是空气所致。放热焊接持续时间非常短，往往从放热反应到熔接完毕在几秒之内完成，高温铜液接触冷壁模具后即率先凝固，从而导致接头内部溶解气体无法顺利析出、排出，也有可能使得包裹进入的空气无法排出。

从国内市售和国外焊粉焊接不锈钢包钢接头的金相组织进行分析可以看出，国内焊粉焊接铜包钢、不锈钢包钢接头呈现大量灰黑色夹杂物，尤其在铜/不锈钢界面出现条状夹杂物，表明焊粉的除渣能力不强，导致铜液凝固过程中产生的氧化铝残渣无法顺利排出。接头内部气孔、夹杂等缺陷的形成将增大接地电阻，影响均压性，一旦局部接地接头电阻异常增大，在遭遇雷击等大电流冲击时将对接地装置的可靠性造成严重影响。

因此，放热焊接接头出现气孔、夹杂、未熔合等缺欠，其主要原因为焊粉成分配比不当导致放热热量不够以及熔体的排气、排渣能力不足等多因素。基于以上分析，针对电力工程接地网材料专用放热焊粉的研制，以除气、排渣和提高铜液流动性为主导设计思路。

5.2.2　高品质焊粉成分设计准则

在放热焊接中，焊粉的粒径、成分组成及焊接时的工艺对焊接接头的性能有重要的影响，不同粒径、不同成分组成条件下所得到的接头性能不同。本试验首先通过国产焊粉与进口焊粉成分对比确定最初的焊粉配方，然后通过试验研究不同成分组成对焊接接头的外观和截面等性能的影响得出最佳焊粉组成。

采用通过碘量法滴定、ICP 光谱仪检测、TAS－990 原子吸收分光光度计检测等方法，选取国产、进口两种典型焊粉的化学成分进行了分析，分析结果见表 5－3。

表 5－3　　　　　　　　　不同放热焊粉化学成分检测结果

检测项目	各成分含量/%		检 测 方 法
	国外焊粉	国产焊粉	
Cu	76.96	70.88	碘量法滴定
Al	$9.399\sim9.537$	$9.134\sim9.346$	ICP 光谱仪检测
Fe	0.05	0.04	TAS－990 原子吸收分光光度计

续表

检测项目	各成分含量/%		检 测 方 法
	国外焊粉	国产焊粉	
Mn	0.036	0.042	ICP 光谱仪检测
Zn	0.06	0.07	ICP 光谱仪检测
Mg	—	—	ICP 光谱仪检测
B	—	—	ICP 光谱仪检测
Si	—	—	ICP 光谱仪检测
Cr	—	—	ICP 光谱仪检测
Cd	—	—	ICP 光谱仪检测
Ni	—	—	ICP 光谱仪检测
Ca	—	—	ICP 光谱仪检测

注　Mg、B、Si、Cr、Cd、Ni、Ca 为微量，缺少标准溶液无法准确测出。

由表 5-3 中可以看出，国产焊粉的 Cu 含量比国外特制焊粉低。由上述焊接接头的截面形貌和金相照片可知，两种焊粉在燃烧过程中均按照化学计量比完全反应。由 CuO、Cu_2O 与 Al 反应的化学方程式可知，Cu_2O 与 Al 完全反应时，Cu 和 Al 含量的比例大于 CuO 与 Al 发生反应，因此添加了 Cu_2O 粉可以提高焊粉中 Cu 含量；另外，焊粉中还可能添加合金元素 Cu，以调整接头性能；因此推断国外焊粉可能添加了 Cu_2O 或者 Cu。

铝与氧化铜和氧化亚铜均可发生化学反应，反应方程式为

$$3CuO + 2Al \longrightarrow 3Cu + Al_2O_3 \quad \Delta H = 1210 \text{kJ}$$
$$3Cu_2O + 2Al \longrightarrow 6Cu + Al_2O_3 \quad \Delta H = 1060 \text{kJ}$$

其中，铝与氧化铜反应生成热量较高，反应剧烈但铜液量相对较少，铝与氧化亚铜热量稍低但铜液量大。由此可知，添加 Cu_2O 或 Cu 粉的目的一方面是增加铜液量，另一方面是降低反应的绝热温度，即降低了生成铜液的温度。为了获得良好的焊接接头，借鉴国外进口焊粉的成分设定，放热焊粉的研制采用铝粉和氧化铜粉末为主体，加入氧化亚铜粉末来降低反应的剧烈程度，增加反应生成的铜液量，构成 Al、CuO、Cu_2O 焊粉的基础成分，以此为基础进行成分的进一步优化。

为了消除放热焊接头的孔洞和夹杂，借鉴铜磷钎料的自钎剂还原作用，在焊粉中添加含磷活性粉末，有效去除反应铜液内的氧气，净化铜液；加入萤石粉为造渣剂，同时添加含硼活性剂、硅钡钙复合粉等辅助熔剂进一步增强造渣、消除气孔的作用；微量锡粉的加入形成铜锡合金，可以有效降低铜液表面张力，提高铜液流动性，有效降低焊接接头热裂倾向。

根据上述的设计思路，焊粉的主要成分及主要作用如下。

氧化铜（CuO）：主要的氧化剂，小粒度的氧化铜处于高能量状态，大的比表面积使其在反应中同时发生反应的面积大，即释放能量相同情况下，反应周期短，热量集中。

氧化亚铜（Cu_2O）：CuO与Al反应的放热量$\Delta H = 1210kJ$，而Cu_2O与Al反应的放热量$\Delta H = 1060kJ$，向放热焊粉中添加适量Cu_2O可降低放热焊接温度。Cu_2O中铜含量为88.9%，CuO中铜含量为80%，向焊粉中添加Cu_2O粉末的同时也增加了反应后生成的铜液量。

金属铜粉末：铜是熔体焊缝金属的主要成分，在铜包钢接地网焊接中，主要起导通作用，在放热过程中金属铜粉末全部熔化。大比表面积的铜粉末处于高能量状态，在熔化中消耗氧化还原的能量小，利于提高反应温度，同时，接头中高熔点铜或其他高熔点元素比例越高，接头合金的熔点越高，如接头金属中Cu比例达到98%以上，由于金属熔化时过热，金属接头熔点可达到1080℃左右。

金属铝粉末：除作为还原剂还原氧化铜外，还起到清除焊接点处表面氧化物的作用，故金属铝粉末略微过量。金属铝粉末的粒度同样影响着反应的速度，大比表面积的铝粉配合大比表面积的氧化铜共同起到提高反应活性的作用；此外，稍微过量的铝在反应后溶入铜液中，形成铜铝合金，与纯铜相比，铜铝合金的耐腐蚀性能更优。

含磷活性剂：含磷合金本身不参与放热化学反应，其加入降低了放热焊接温度从而避免铝气化；铜磷合金熔化后其中的Cu流入模具型腔增加了铜液量；含磷合金作为一种优良的脱氧剂（P可以与O_2反应），能有效去除金属熔液里的氧，有效提高放热焊接接头质量和成品率。

含硼活性剂：作为去氧剂能有效去除金属熔液里的氧分子，有效提高放热焊接接头质量和成品率；作为助熔剂可促进放热反应中金属的熔化；作为净化剂可增强熔渣（主要是Al_2O_3）流动性，避免放热焊接接头存在气孔、夹渣等缺欠。

锡粉：锡粉的主要作用为增加熔融金属的流动性，强化金属焊缝的强度，降低反应温度。

萤石粉：萤石粉是反应中的主要造渣剂，起到助熔造渣、消除气孔的作用。

硅钡钙复合粉：硅钡钙复合粉的作用主要为脱氧、造渣，具有还原性。

5.2.3　高品质放热焊粉成分优化及试验验证

依据上述准则，按比例将Al粉、CuO粉末混合作为基体粉末，考察添加适量含磷、含硼活性剂以及萤石粉、硅钡钙对接地材料焊接接头成形质量的影响，被焊母材为铜包钢和不锈钢包钢。

5.2.3.1　Cu_2O粉降低反应温度验证

Al粉、CuO基体粉末实施放热焊接后不锈钢包钢接头截面形貌如图5-12所示。

可以看出，不锈钢包钢棒材几乎被高温铜液溶解了一半，接头内部出现大量气孔，这些气孔缺陷将严重降低接头电气性能。

在基体粉末里添加适量的 Cu_2O 粉末，焊接接头截面形貌如图 5-13 所示。接头内部仍然存在大量气孔，但不锈钢包钢棒材的溶解程度有所减缓，可见通过加入 Cu_2O 降低燃烧放热量，从而能降低熔液温度的设计思想是正确的。

图 5-12　Al＋CuO 基体粉末
焊接后接头截面形貌

图 5-13　Al＋CuO 基体粉末添加
Cu_2O 焊后接头截面形貌

5.2.3.2　含磷合金粉末消除气孔效果验证

进一步在设计的基体粉末里添加含磷合金粉末，所得接头截面形貌如图 5-14 所示。含磷活性剂是一种钎焊行业常用的具有自钎剂还原作用的材料。放热反应过程中，含磷合金不参与化学反应，但含磷合金作为一种优良的脱氧剂能有效去除金属熔液里的氧，消除气孔，净化铜液，有效提高放热焊接接头质量。由图中可以看出，接头熔体环形区域已无明显气孔，表明焊粉中添加含磷合金粉末对消除焊接接头的气孔具有明显效果，但这里要指出的是冒口区域气孔仍较多，且接头内部有大量夹杂物存在。

图 5-14　Al＋CuO＋Cu_2O 粉末
添加含磷活性剂焊后接头截面形貌

图 5-15　Al＋CuO＋Cu_2O 粉末添加含磷、
含硼活性剂焊后接头截面形貌

5.2.3.3　含硼活性剂消除气孔效果验证

进一步添加含硼活性剂，所得接头截面形貌如图 5-15 所示。含硼活性剂主成分为 B_2O_3，也是一种高效去氧剂，尤其对于偏碱性的氧化膜，例如 Fe、Ni、Cu 等氧化物去除非常有效。作为去氧剂能有效去除金属熔液里的氧分子；作为助熔剂可促进放热反应中金属的熔化;作为净化剂可增强熔渣(主要是 Al_2O_3)流动性,避免放热焊接接头存在气孔、夹渣等缺欠。从图 5-15 中可以看出,添加硼砂后,接头冒口区域仍存在大量气孔和夹杂物,表明含磷和含硼活性剂对接头内部气孔的去除效果明显,但对冒口区域仍需进一步改善。

5.2.3.4　萤石粉和硅钡钙等造渣剂消除夹杂效果验证

针对接头内部夹渣难以排出的问题,在添加含磷、含硼活性剂的同时,添加适量造渣剂,即萤石粉和硅钡钙,以增加反应后熔体的造渣、排渣作用。所得接头截面形貌如图 5-16 所示,可以看出,造渣剂的添加起到非常显著的排渣效果,接头内部基本无夹杂物存在,且冒口区域夹杂物也得到有效消除。

图 5-16　添加萤石粉+硅钡钙接头截面形貌

放热反应生产的氧化铝残渣基本全部排出熔体,在熔体外以及反应型腔内形成渣层,造渣剂对焊接接头残渣成形质量的影响如图 5-17 所示。这种排渣效果与未添加造渣剂时有了显著改善。

(a)未添加造渣剂焊粉焊后残渣　　　　(b)焊接接头形成的完整杯状残渣

图 5-17　造渣剂对焊接接头残渣成形质量的影响

由此可见,本设计思路可以有效地起到消除气孔、排出残渣的目的,接头内部成形质量与未添加合金元素相比有了明显提升。

5.2.4　放热焊粉综合性能评定

5.2.4.1　原料粒径影响

放热焊粉所用原材料采用相同的成分配比,运用分级筛筛取 6 种粒径的原料粉末,试验用粉末粒径及颗粒尺寸见表 5-4,随后将原料粉末混合均匀制成放热焊粉,采用放热焊接对直径 12mm 的铜包钢棒进行焊接,其中铜覆钢棒的铜层厚度为 0.8mm。对每种试验方案从焊接的燃烧剧烈程度、反应速度、喷溅情况等方面进行评价,不同粒径的焊粉的焊接过程特性见表 5-5。其中反应时间采用电子秒表计量。粉末粒径采用 Malvern Micro-plus 型激光粒径仪进行测定。燃烧速度为标准石墨模具中模腔内焊粉从一端引燃，燃烧至另一端的速度，即模腔长度与燃烧结束时间比值。

表 5-4　　　　　　　　　　试验用粉末粒径及颗粒尺寸

试样代号	粒径范围/目	平均粒径/μm	试样代号	粒径范围/目	平均粒径/μm
P1	200~300	64.5	P4	80~120	151.3
P2	100~200	113.0	P5	60~80	216.8
P3	100~150	129.0	P6	30~40	512.6

表 5-5　　　　　　　　　　焊 接 性 能 评 价

试样代号	剧烈程度	反应时间/s	反应速度/(mm/s)	喷溅情况	安全性
P1	爆燃	<0.2	>300	剧烈	低
P2	剧烈	<0.2	>300	大量	低
P3	较快	0.5	120	少量	较低
P4	正常	2.0	30	极少	较高
P5	缓慢	3.0	20	无	高
P6	引燃困难	—	—	无	高

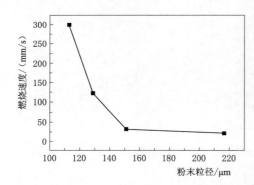

图 5-18　放热焊粉反应速度
与粒径关系

通过分析表 5-5 数据可知，随着焊粉原料粉末粒径的增加，粉末的燃烧反应速度迅速减小，平均粒径为 64.5μm 时，燃烧速度大于 300mm/s，而当平均粒径为 216.8μm 时，燃烧速度仅为 20mm/s。放热焊粉反应速度与粒径关系如图 5-18 所示。

在实际的焊粉燃烧反应过程中，燃烧速度的大小主要受反应物间的界面化学反应控制。由于界面化学反应的速度与反应物接触面积直接相关，因而其受反应物粒径大小影响。假设反应物粉末为近似相等的球形颗粒，则反应物粒径大小对反应速度的影响存在的关系为

$$-\frac{\mathrm{d}n_s}{\mathrm{d}t}=aA(1-X^{\frac{2}{3}})C^i \tag{5-18}$$

式中　n_s——未反应的粉末颗粒的物质的量；

　　　a——速率常数；

A——反应物颗粒的比表面积；

X——反应物的转化率；

C——反应浓度。

反应物比表面积与粒径倒数成正比，由式（5-27）推知反应物粒径减小，其比表面积增大（即比表面能增大），因而引起反应速度加快，造成单位时间内反应放出更多的热量，燃烧速度增大。这与实际测试结果具有较好的吻合。此外，粒径大小直接影响反应速度，从而调控单位时间内放出的热量，即间接影响反应的最高温度，从而影响母材熔化（钢芯熔化半径）。因此粒径是影响反应速度、保证焊接安全和钢芯熔化半径的关键因素。

5.2.4.2　原料成分配比影响

原料成分主要决定着焊缝金属的组成，也决定了其基本的理化性能、机械性能，如强度、韧性、电阻率、外观、熔合深度和焊缝金属熔点等。

试验中选取市售化学纯原料，包括铝颗粒、紫铜颗粒、其他辅料等，所选颗粒粒径统一，均采用分级筛进行筛选。氧化剂为氧化铜颗粒，为市售工业级氧化铜。其中含有一定比例氧化亚铜，经测定，氧化铜含量约为 41.7%，氧化亚铜含量约为 58.3%。将称量好的氧化剂、还原剂、铜颗粒和辅料充分混合，具体试验原料配比方案见表 5-6。

表 5-6　　　　　　　　　　　　　原　料　配　比　方　案

方案标号	氧化剂/份	还原剂/份	铜颗粒/份	备　注
P1	1	0.30	0.5	还原剂不足
P2	1	0.42	0.3	适量
P3	1	0.42	0.5	适量
P4	1	0.42	0.6	铜颗粒过量
P5	1	0.50	0.5	还原剂过量
P6	1	0.60	0.5	还原剂过量

上述原料中，为方便计算及对比，以氧化剂作为单位质量 1（1 份），其他原料重量以氧化剂质量计量（$m_{原料}/m_{氧化剂}$）；除上述原料外，各份焊粉还分别添加 0.15 份辅料，该辅料中各成分配比质量固定；上述每个方案均制备相同配比的平行试样 3 份，以保证实验结果的重复性。

分别采用以上方案对铜包钢母材施焊，各方案焊接接头外观形貌如图 5-19 所示。

图 5-19（a）中，方案 P1 因为还原剂不足，即氧化剂（CuO/Cu_2O）过量，所以在反应中还原剂反应完毕后，有余量未反应氧化铜剩余，氧化铜熔点为 1326℃，在反应中熔化/溶解，于接头表面形成青黑色斑块。图 5-19（b）中方案 P2 氧化剂与还原

（a）方案P1　　　　　　　　　　　（b）方案P2

（c）方案P3　　　　　　　　　　　（d）方案P4

（e）方案P5　　　　　　　　　　　（f）方案P6

图 5-19　各方案焊接接头外观形貌

剂剂量匹配适量，故而接头颜色接近紫铜色泽，通过能谱分析，其主要成分为 Cu、Al、Sn 和 Fe 等，如图 5-20（a）所示。方案 P3 具有类似宏观形貌，如图 5-19（c）所示，但由于方案 P2 中紫铜颗粒较少，故反应较方案 P3 剧烈，喷溅较严重，冒口较小。方案 P4 的氧化剂、还原剂量与 P2、P3 相同，仅紫铜颗粒较 P3 增加 20%，故而铜颗熔化粒消耗了较多反应热量，导致氧化铝（熔点 2038℃）未能浮至熔池顶端冒口位置，过早凝固，在接头表面形成夹杂。如继续增加紫铜颗粒，夹杂会继续增多。图

5-19（d）为方案 P4 外观，表面有较多的氧化铝夹杂。方案 P5、P6 中氧化剂与铜颗粒质量与方案 P3 相同，仅还原剂量依次递增，图 5-19（e）和（f）颜色较为暗哑。不同成分接头能谱如图 5-20 所示。由图 5-20 可知其组织主要为 α（铜在铝中的固溶体）相和 β（CuAl-IMC）相。随着还原剂过量增多，接头焊缝中铝含量增加，其中金属间化合物的量也逐渐增大。

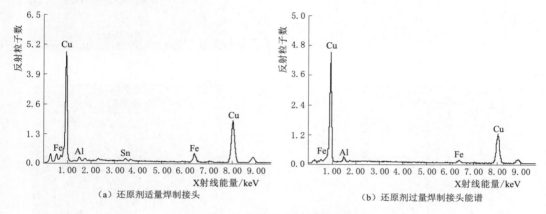

（a）还原剂适量焊制接头　　　　　（b）还原剂过量焊制接头能谱

图 5-20　不同成分接头能谱

上述接头沿母材径向在接头中间位置采用金相切割机切割，观察其剖面宏观形貌。在还原剂不足情况下（方案 P1），接头宏观剖面除冒口位置有气孔存在外，并无其他缺陷，氧化铜残余在反应中熔化，与接头金属铜熔合；方案 P2、P3 接头剖面，由于氧化剂还原剂适量匹配，接头剖面均匀细密，无明显肉眼可见缺陷；在氧化剂、还原剂配比适量，而焊粉中主要起减缓反应速度的紫铜颗粒过量时（方案 P4），出现了反应热量不足的现象，不但钢芯熔化面积变小，且出现了剖面处的气孔、夹杂。这是由于熔化金属冷却过快，气体来不及排除，以及氧化铝迅速凝固造成的；而当还原剂过量情况下，反应热量充足，仅过多的还原剂在反应中氧化，并在高温下气化，最终形成较多气孔，随还原剂量增多，气孔量增大，且由于形成较多 Cu-Al 金属间化合物，导致接头脆性增加。各方案接头钢芯与焊缝金属界面微观形貌如图 5-21 所示。

当还原剂不足情况下，图 5-21（a）中可见焊缝金属一侧基本无夹杂出现，仅有极少量的 Al_2O_3 夹杂，可见 Al_2O_3 夹杂难以完全消除；而氧化还原剂适量情况下，有少量 Al_2O_3 夹杂，如图 5-21（b）所示；当作为减缓反应速度的铜颗粒过量时，由于消耗了较多热量，故而在焊缝中产生大量直径较大的 Al_2O_3 夹杂，如图 5-21（c）所示，而当还原剂过量时，由于反应热量充分，Al_2O_3 气体难以聚集为较大气孔，故而在焊缝金属中形成大量小而密集的小直径 Al_2O_3 夹杂，如图 5-21（d）所示。对上述各方案中的焊缝形貌采用 OlyciaM3 进行夹杂物分析，各方案中 Al_2O_3 夹杂比例及熔点结果见表 5-7。

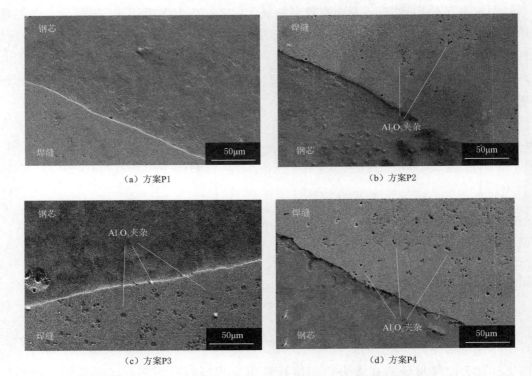

图 5-21　各方案接头钢芯与焊缝金属界面微观形貌

表 5-7 　　　　　　　　　各方案夹杂物比例及熔点结果

方案	P1	P2	P3	P4	P5	P6
比例/%	0.20	0.70	0.90	5.12	5.04	5.33
熔点/℃	1125	1100	1087	930	914	870

注　表中比例为体积比例。

由此可见，焊粉的成分直接影响接头焊缝金属中夹杂物的比例，从而影响接头熔点与导电率。由于导电率（即电阻测量值）要求为含接头导体不超过等长度母材导体的 1.1 倍，而接头焊缝金属直径一般为母材直径的 1.2 倍以上，故接头导电率均满足要求。因此，在放热焊中，接头导电率可作为次要考核指标。但材料熔点直接关系到接地体的热稳定系数，接头焊缝金属熔点温度需达到服役要求。通过对比表 5-7 中数据可知，除焊缝金属中合金元素成分外，影响熔点的主要因素为 Al_2O_3 夹杂。由于在反应完毕后，通过化学成分分析，各方案金属铜比例差距不大，均处于 85%～91% 之间。故可推断，焊缝金属熔点主要取决于夹杂的比例。

焊缝金属夹杂比例及熔点温度如图 5-22 所示。

一般认为，金属的熔化是由表面开始的，随着温度上升，固—液界面向晶体内部扩展。由于反应是在较短时间内完成的，除作为还原产物的金属铜外，其余所有添加铜颗粒迅速熔化，基本无缓慢溶解的过程，且由于 Cu/Al 能生成高熔点的 IMC，故而其熔化过程还伴随着 Cu/Al - IMC 的形成，随后全部迅速熔化到液态金属铜中，因此，作为还原剂的铝主要以三种途径被消耗，大部分作为还原剂与氧化剂（氧化铜、氧化亚铜）反应生成金属铜并放出大量热量；部分铝粉末在反应过程中氧化，生成气态或液态的氧化铝，气态氧化铝部分通过模具排除，部分凝固在液态铜中，如不能排除，即生

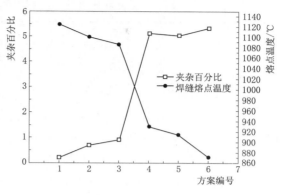

图 5 - 22　焊缝金属夹杂比例与熔点温度

成氧化铝夹杂；还有部分铝随着固液界面推进，迅速生成 Cu/Al - IMC，并最终熔化于熔池中。而在差热分析中，Al_2O_3 不规则夹杂的存在，导致了金属铜内部表面能的增加，促进了晶格失稳和自发热缺陷，从而加速了体熔化，因此随着夹杂比例的上升可以看到，焊缝金属的熔点逐步降低。

由上述分析可知，以上方案中，氧化剂的质量一定，还原剂的质量依次递增，从还原剂不足到还原剂适量再到还原剂过量，依次变化，随着还原剂质量的增加，接头焊缝金属微观组织中 Al_2O_3 夹杂的比例逐渐增加，而熔点也表现为随着夹杂递增依次递减的关系，由此可知，在氧化剂及其他辅料成分、比例确定的情况下，还原剂的添加比例决定着接头焊缝金属的熔点。此外，作为延缓反应速度的紫铜颗粒，同样影响着 Al_2O_3 夹杂的比例，对比 P3 和 P4 方案，在氧化剂、还原剂比例相同的情况下，铜颗粒的过量导致热量损耗加大，其最终结果是焊缝金属中 Al_2O_3 夹杂量的增加，可见金属 Al 和添加 Cu 颗粒均直接影响着氧化物在焊缝金属中形成的比例，从而间接影响焊缝金属的熔点。此外，成分配比的不协调，除影响熔点外，还会造成气孔的产生。

5.2.5　系列化放热焊粉及洁净制备工艺

依据上述放热焊粉成分优化设计试验结果，确定系列化新型放热焊粉成分配方为铝粉、氧化铜粉、氧化亚铜粉、铜粉、锡粉、含磷活性剂、含硼活性剂、萤石粉和硅钡钙粉。项目开发的系列化放热焊接专用焊粉牌号及主元素成分见表 5 - 8。根据不同结构形式接地网材料且依据前文生热计算，开发出不同放热量的专用焊粉。

接头的导电性能、气孔率、熔点、安全性都是放热焊接的关键参数，在保证接头性能的同时，有效控制焊粉原料成本是提高产品竞争力、降低业主工程成本的有效途径，因此对于原料的选择需要从纯度、粒度、厂家、稳定性多方面综合考虑，以达到放热焊粉产品的最佳性价比。

表 5-8　　　　项目开发的系列化放热焊接专用焊粉的牌号及主元素成分

牌号	成 分 配 比	适 用 范 围
FWB60	氧化铜 55%；铝粉 13%；铜粉 20%；含磷活性剂 7%；含硼活性剂 1%；锡粉 1%；萤石粉（CaF_2）2%；硅钙钡粉 1%	高放热量，适用于直径 20mm 以上以及大宽厚比的扁钢等钢制系列接地材料
FWB40	氧化铜 45%；铝粉 12%；铜粉 15%；氧化亚铜 15%；含磷活性剂 8%；含硼活性剂 1%；锡粉 1%；萤石粉（CaF_2）2%；硅钙钡粉 1%	放热量中等，适用于直径 10～20mm 以及中等尺寸扁钢等钢制、铜质接地材料
FWB10	氧化铜 10%；铝粉 6%；铜粉 41%；氧化亚铜 30%；含磷活性剂 8%；含硼活性剂 1%；锡粉 1%；萤石粉（CaF_2）2%；硅钙钡粉 1%	放热量中等，适用于直径 10mm 以下以钢制、铜质接地材料

　　故在本研究中，所采用的焊粉原料为 100～300 目的工业高纯粉，并未采用化学纯等高纯试验室用粉料，从而有效降低了焊粉成本。此外，在配方研制中也考虑到了成本因素，在保证性能稳定的前提下尽量降低高成本粉体的比例，如氧化铜、紫铜粉等。在此基础上，针对不同类型接地网材料以及不同结构形式接地网接头，形成了系列化加系列化产品。

　　系列化放热焊粉原材料属性见表 5-9。

表 5-9　　　　　　项目开发的系列化放热焊粉原材料属性

原 材 料	氧化度/纯度/%	粒度/目
氧化铜	85	−30～−200
氧化亚铜	85	−30～−200
铝	98	−30～−200
铜	99.5	−30～−200
锡	98.5	−100～−200
含磷活性剂	96.5	−100～−300
含硼活性剂	95	−100～−300
萤石粉	98.5	−100～−200
硅钡钙粉	95	−100～−200

　　将所用原材料按配比称重后，放于 100℃ 的真空干燥箱中干燥 30min，真空环境下冷却到室温后，放入混料机中混合 40min，得到混合均匀的放热焊粉。混合后的焊粉采用真空包装机进行装袋包装，防止粉末受潮、结块。

　　在焊粉批量制备中，同样考虑了成本控制，在称量、混粉、包装、抽检各个环节通过有效手段避免了生产损耗，进一步降低了焊粉成本。

5.2.6　熔体熔点分析

项目采用德国 NETZSCH 公司综合热分析仪（STA449F3）分析不同成分的焊粉放热反应生成物的熔化温度。STA449F3 型综合热分析仪如图 5 - 23 所示。实验分析过程在 N_2 保护气氛下的氧化铝坩埚内完成。检测开始之前，样品仓需用高纯氮气吹扫多次以清理仓内避免样品污染。在检测过程中，氮气始终以 20mL/min 的稳定流量通入。根据放热反应生成物的熔化温度，对合金扫描的温度区间进行设定，一般区间上限高于放热反应生成物理论熔化温度 100℃左右。扫描结果由 Proteus 软件分析。

图 5 - 23　STA449F3 型综合热分析仪

取国外焊粉、国内焊粉、自制焊粉三种放热焊粉经过反应生成的铜块熔体进行 DSC 测试。不同焊粉放热反应生成熔体 DSC 曲线如图 5 - 24 所示。由图 5 - 24 中可以

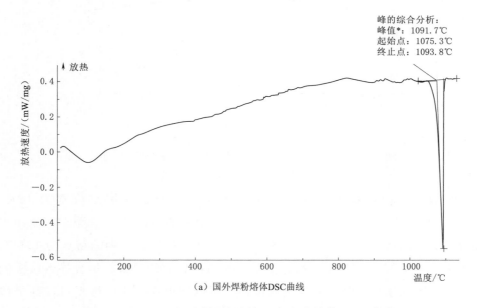

（a）国外焊粉熔体DSC曲线

图 5 - 24（一）　不同焊粉放热反应生成熔体 DSC 曲线

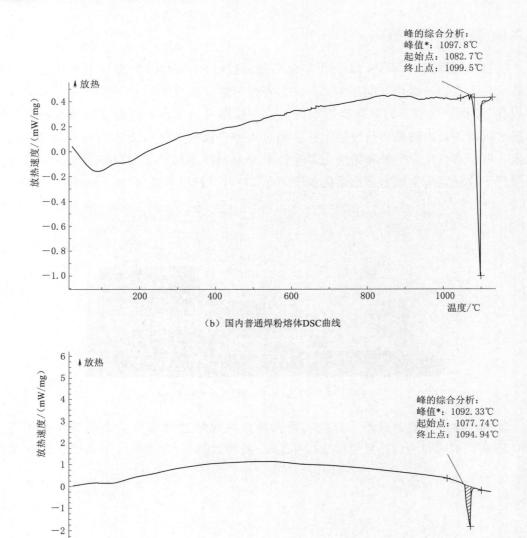

（b）国内普通焊粉熔体DSC曲线

（c）自制焊粉熔体DSC曲线

图 5-24（二）　不同焊粉放热反应生成熔体 DSC 曲线

看出，国外焊粉、国内焊粉、自制焊粉放热反应生产物的熔点分别为 1091.7℃、1097.8℃、1092.3℃，三者的熔点相当。由于接地网服役时需要承受大电流冲击，接地网装置接头处的熔点过低会在大电流冲击时熔断焊接接头。铜的熔点为 1084℃，铁的熔点为 1537℃，放热焊接钢所得接头由于铜与钢界面的扩散、熔合导致接头的熔点高于测量值，因此项目自制焊粉焊接铜包钢、不锈钢包钢接头的熔点可以满足接地装置接头高熔点的要求。

5.3　模具结构优化设计

放热焊模具是接地网放热焊接的重要组成部分，在焊接过程中，模具直接与高温的熔体接触，因而如果模具质量低劣，将有可能导致焊缝金属表面黏砂、直接与高温熔体接触，在焊缝金属表皮形成气孔等缺陷。模具结构设计不合理，有可能导致焊接过程中出现喷射、卷气等不良现象，气体、氧化铝等渣质无法快速从焊接接头排出，会导致气孔、夹杂等焊接缺陷，严重情况下出现铜液无法下流造成模具损坏，而且现有模具普遍使用一体式结构，一旦损坏就必须整体更换，增加施工成本。因此，从接地网放热焊接的安全性、经济性考虑，模具的优化设计极为重要，主要从模具材料选择、结构设计等方面来考虑。

5.3.1　模具材料的选择

模具是组成整个焊接系统的主要组成部分，为保证焊接过程顺利进行，模具的材料需要具备一系列的物理特性。一般来讲，在熔钎焊过程中主要考虑模具的表面质量、强度、抗吸湿性能和耐火性能。因为模具直接与熔体接触，所以模具的表面质量将直接影响焊接后焊缝金属的表面光洁度，如果模具表面粗糙，会引起焊缝表面出现严重的机械黏砂。

模具的质量由模具自身材料的性能决定，由于早期铝热焊主要用在铁路钢轨的焊接修复上，模具尺寸相对较大，模具材料也选用传统的铸造砂型模具。但砂型模具制造工艺较为复杂，在焊接过程中也容易出现由于受潮造成的气孔、焊接黏砂和夹砂等缺陷，耐火度较差，且可使用次数较少，不适用于接地网的批量连接应用。

近年来，高纯石墨逐渐成为电力工程接地网放热焊接施工选用的主要模具材质，之所以选择石墨是因为其具有以下特性：

（1）石墨加工性能较好，相比于传统的砂型更易于实现规格相对较小的放热焊模具的制作。

（2）石墨与放热熔体之间具有较好的惰性，在焊接过程中熔体不会与石墨发生化学反应而导致粘连，避免焊后无法脱模的问题。

（3）石墨具有较高的强度，能够保证在高温焊接过程下不易变形，减少焊接过程的脱渣现象发生。

（4）石墨热稳定性好，在高温条件下经反复使用后仍然变形较小，保证焊接接头的规格及质量的一致性；并且在多次焊接操作后变形小也保证了焊接材料置入量的稳定，减少了焊接缺陷的产生。

鉴于石墨上述的良好特性以及前期的工程操作经验，在实施过程中模具仍选用石墨材质。模具的优化设计主要在模具的结构特点方向进行。

5.3.2 模具结构的设计

电网的焊接过程是一个利用反应生成的铝热铜液填充模具和待焊部位组成的浇注系统的过程。浇注系统是铝热铜液进入砂型与电网材料组成的型腔所经过的一系列通道的总称。由于焊接过程横断面尺寸变化大，焊接浇注系统结构复杂，而且由于铝热焊接的特殊性，铝热铜液的浇注温度很高，铜液在凝固中收缩较大，易形成缩孔、疏松、热裂等缺陷。合理的浇注系统设计应根据被焊工件的尺寸特点、技术条件、焊粉种类等选择合理的浇注系统结构类型，确定引入位置、截面尺寸等。

5.3.2.1 浇注结构设计

最初该种利用铝热反应的焊接方法是用于列车钢轨的焊接修复上的，因此焊接模具也是基于早期的铝热焊模具进行设计。早期的铝热浇注模具通常按照熔体引入焊缝的位置分成侧顶式浇注系统和底注式浇注系统两种。

侧顶式浇注系统的浇口位于被焊部件的两侧，因此又叫两侧式浇注系统，侧顶浇注式浇注系统示意图如图5-25所示。

在浇口下方设置缓流台阶，用于减小金属液对砂型表面的冲击，使金属液可以平稳地充填型腔。这种浇注系统的冒口位于两侧轨底脚的上方，在轨头部位与型腔内部相通，可以同时补充轨底脚区域和轨头区域熔体的凝固收缩，而且还提供型腔内气体的排出通道，可用于收集首先注入的金属液及杂质等。

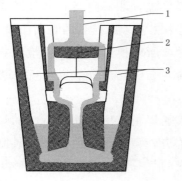

图5-25 侧顶浇注式浇注
系统示意图
1—钢液；2—分流塞；3—冒口

从整个浇注系统的设置情况来看，熔体在其中平稳流动，冒口的位置设置恰当，熔体凝固顺序合理，型腔内渣气的排除通畅。采用这种浇注系统在正常操作工艺下获得的焊缝金属没有缺陷，焊接接头质量合格。因此，这种浇注系统在目前钢轨铝热焊中使用较普遍。

底注式浇注系统的浇口位于轨底脚的上方，浇口分别设置在两侧轨底脚的上方，在轨头部位与型腔相通，在浇注时充当横浇口，成为金属液注入型腔的另外两个通道，而冒口设于轨顶上方，并且不与大气相通，有利于防止金属液的氧化。底注式浇注系统的结构示意图为如图5-26所示。

铝热熔体浇入底注式浇注系统后，受到分流塞的阻挡，流速降低，分左右两侧流入到浇口，并顺浇口注入到型腔中。随熔体的注入，型腔内熔体液面逐渐上升，当液面到达轨头部位时，轨底区域的熔体停止流动，熔体从横浇口注入型腔中，直至充满整个型腔。

　　由于在整个浇注过程中，熔体自下而上注满型腔，因而轨底的熔体温度较高，可以避免侧顶式浇注系统轨底温度低而产生焊接缺陷，同时这种浇注系统可以有效减小熔体在浇注过程中的氧化，保护熔体。同时浇口和冒口也可以在熔体凝固过程中起到补缩的作用，有利于消除焊缝金属中缩孔、疏松等缺陷。

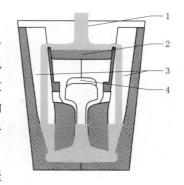

图 5 - 26　底注式浇注
系统示意图
1—钢液；2—分流塞；
3—浇口；4—轨顶冒口

　　顶注式与底注式浇注系统的主要区别在于焊接过程中的温度场分布，顶注式温度场分布由上至下温度逐渐降低，而底注式温度场分布规律则与之相反。由底注式温度场分布及浇注特点可以看出，该结构仅适用于传统的铝热焊接，仅在被焊接区域完全为熔融状态下才能实现完整的充型过程，不适用于熔钎焊的接头连接。因此实施执行过程中浇注结构选用顶注式浇注结构。由于接地网焊接接头结构相比铁轨接头形式尺寸较小，横截面相对简单，因此其浇注模具要简单于传统的铁轨浇注系统。

　　目前市场上相应焊接模具的结构设计已经相对成熟，但在使用寿命和焊接过程中温度场控制方面还存在一定的不足，在施工过程中易出现模具损坏、温度场分布不均匀、温度梯度较大的现象，导致焊接接头成形不良，焊接质量难以有效保证。研究人员以现有市售模具结构为基础，以提高使用寿命、改善焊接温度场分布为原则进行了模具结构的优化。

5.3.2.2　使用寿命优化

　　国内市售放热焊接专用石墨模具如图 5 - 27 所示。从图中可以看出在焊接过程中熔体产生于顶部反应腔内，然后向下流入至待焊部位并与工件发生作用实现焊接。这类模具一般为整体式，可根据接地网材料接头实际形式设计成"一"字形、"T"字形、"十"字形等不同结构形式，模具分为反应型腔、熔接型腔和端盖等部分。"一"字形模具大多为左右开合型，"T"字形、"十"字形多为上下开合型。模具依靠定位销装配定位，装配好被焊接地材料后，模具外围再用木工夹或特制手工钳夹紧。

　　但这类模具也有一定的缺点，在多次反复使用后极易产生因人为、外力破坏以及放热产生的高温氧化等因素引起的磨损、豁边等现象，造成模具反应熔接型腔密封性差，易导致放热反应后生成熔液流从而影响焊接质量。此外，石墨材质模具成本高。以一座 220kV 变电站为例，接地网工程约 2500 个接头，考虑到接地网野外施工环境恶劣等实际问题，单套石墨模具在接地网放热焊接施工中的使用寿命为 30～50 次，单套模具价格在 1000 元以上，一座 220kV 变电站接地网焊接施工所需模具费用至少 5 万元。尤其近年来，石墨价格持续飞涨，接地网放热焊接施工模具成本居高不下，这

（a）"一"字形模具

（b）"T"字形模具

（c）"一"字形模具夹紧定位

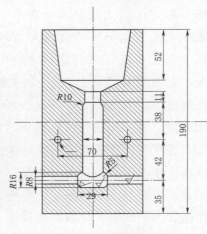

（d）"一"字形模具设计图

图 5-27　市售放热焊接专用石墨模具

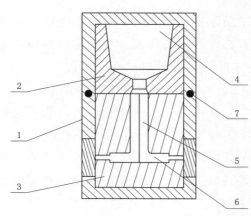

图 5-28　分体组合式放热焊
模具结构示意图

1—外部铁模；2—反应型腔（石墨）；3—熔接型腔
（石墨）；4—焊粉；5—熔液流道；6—接头熔接型腔；
7—对接固定器

给电力系统带来巨大的经济成本压力。

基于上述常规模具的缺点，针对高效放热焊接用模具进行优化设计，开发设计分体、组合式放热焊接模具。分体组合式放热焊模具结构示意图如图 5-28 所示。

该模具分为模盖（石墨或钢）、外部钢或铸铁外壳、芯部反应型腔（石墨）、芯部熔接型腔（石墨）四部分。从易损坏程度上分析，芯部熔接型腔最易因高温烧蚀氧化、外力磨损引起损坏模具尺寸变大，造成熔接时"漏包"即高温铜液沿模具缝隙流失。相对于芯部熔接型腔，芯部反应型腔主要承受反应高温，易发生高温烧蚀氧化。在脱模过程中，可能会因氧化物残渣黏连而遭受外力刮擦的表面损伤，但这些氧化和损伤对反应型腔的破坏作用很小。与之相比，外部钢壳与顶部模盖更不易损伤。

为解决石墨模具易损易报废的问题，切实降低施工模具成本，项目设计了分体式、组合式石墨模具，其三维效果图如图 5-29 所示。这种组合式模具分为外部铸铁模具部分和内部反应型腔、熔接型腔以及模具端盖等部分，在放热反应过程中，外部铁模并不接触反应生成的高温熔液，只起到加固内部石墨型腔的作用。在放热焊接施工过程中，反复使用后，模具内部石墨型腔会高温烧损、磨损，报废后只需更换内部石墨芯体，无须全部更换，大大节省了模具费用，降低了放热焊接施工成本。

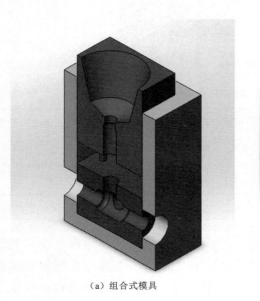
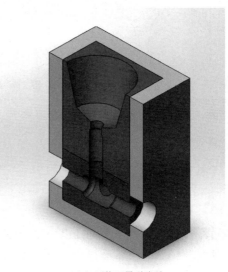

（a）组合式模具　　　　　　　　　　　　（b）更换石墨型腔后

图 5-29　组合式模具三维效果图

设计的新型石墨/钢分体组合式模具实物照片如图 5-30 所示。从模具结构可以看出，设计的模具在外覆金属缸体下具有较好的强度，不会因焊接过程中的夹持力以及转运过程发生损坏。在多次焊接后即使芯体发生损坏，也只需要更换局部结构，降低设备采购成本，并且该模具可适用于多种焊接接头结构形式，减少了焊接模具设备的采购种类和成本。

设计的分体式组合模具与市售的模具采购、更换成本及使用寿命对比（表中所列价格为常用模具平均价格）见表 5-10，可以看出采用分体式组合模具能够明显降低更换费用，更换成本降低约 1/3，使用寿命提高 1 倍，同样以一座 220kV 变电站为例，接地网约 2500 个接头，使用常规模具需要 50 个，报废时需要整体更换，自制组合式模具只需 25 个，且只需更换石墨芯体，外壁钢套可重复使用，共可节省约 30000 元，推广使用后可节省大量模具费用。

图 5-30 新型石墨/钢分体组合式模具实物照片

表 5-10 模 具 成 本 对 比

分 类	制造成本/(元/套)	更换费用/(元/次)	单套模具可焊接头数量
常规模具	1000	800	50
自制模具	600	300	100

5.3.2.3 模具温度场控制设计

熔钎焊的模具设计不同于传统的放热焊焊接模具,传统的放热焊模具在焊接过程中除反应熔体以外,焊接母材也发生了熔化,而熔钎焊则要求在放热反应的熔体流至母材后,焊接母材只发生很小一部分的熔化甚至不熔化。焊接过程中母材的状态直接受温度场的控制,而温度场的分布情况除与反应放热量的大小和反应熔体的多少有关外,还与模具设计的尺寸有直接的关系。当反应熔体的放置量确定后,焊接过程中温度场的控制基本由模具的设计参数所决定。

为减少试验工作量及模具制造成本,在焊接之前预先对焊接过程进行了有限元模拟,以确定最终的模型尺寸。基于前部分章节设定的有限元模拟设定参数以及前期的试验数据针对不同接地网规格进行多组参数模具的焊接过程数值模拟。

针对直径 20mm 的接地网材料设计的模具参数下焊接过程温度场分布云图如图 5-31 所示,从图中可以看出在该尺寸参数下设计的模具在焊接过程中顶端温度最高,底部温度最低。当填充铜液温度为 2400℃时,最底部温度达到 1200℃左右,接地网材料横向部分温度场相对分布均匀,未出现程度较大的温度梯度,由此确定了模具的设计参数。从模拟结果来看该参数下的模具能够保证接地网材料底端的焊接过程顺利实施,设计的模具具备可实施操作性。

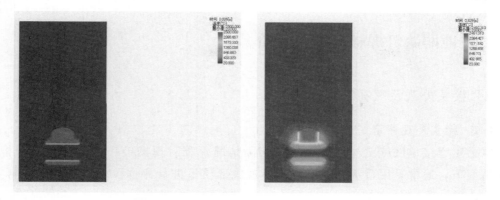

图 5-31 针对直径 20mm 的接地网材料设计的模具参数下焊接过程温度场分布云图

5.3.3 模拟件的焊接

为确定设计模具的实际操作可行性，采用此模具实施直径 20mm 不锈钢包钢的放热焊接，焊接接头实物照片如图 5-32 所示，接头截面形貌如图 5-33 所示。从图中可以看出，采用新型模具实施放热焊接所得接头外观好，与通用模具所得接头外观质量一致。从接头内部质量方面来看，新型模具所得接头内部基本无气孔缺陷，不锈钢包钢接头沿径向切片观察，薄片厚度 1mm，可见切片后焊接接头内部均无肉眼能观察到的气孔存在，接头界面焊合率、致密度均接近 100%。在排气排渣方面，多组合分体式模具更有利于反应、熔接过程中高温铜液中气体的排出，所得接头与传统模具相比接头质量同样优异。

(a) 对接接头 　　　　　　　　　　　　　　(b) 对接接头

图 5-32 分体组合式模具焊接接头实物照片

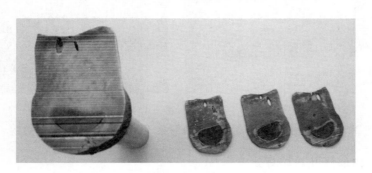

图 5-33 新型模具焊接接头截面形貌

5.4　接地网熔钎焊接头性能评价

5.4.1　接头外观及气孔缺陷评价

5.4.1.1　接头外观评定

电力工程接地网施工过程中，考虑实际情况很难对现场接头质量进行抽查检验，一般情况下，通常采用目测方式对接头外观成形质量进行评价。相关评价与检测主要内容有：

（1）接头完整性：被连接接地母材必须完全包在接头内部，接头区域接地母材不得裸露在外，焊接接头凹面不得低于不锈钢包钢；凸面（冒口处）高度适中，过高冒口易造成焊料浪费，过少则易引起接头缺肉现象。

（2）颜色：在正常情况下焊接接头颜色为紫铜色或古铜色。

（3）表面光洁度：焊接接头表面应该平滑，不能黏附过多的熔渣，如果熔渣占表面 20％ 以上不易去除或且熔渣去掉后不锈钢包钢有外露情况，此焊接接头报废。

（4）气孔：焊接接头表面后没有过多的气孔。少量的针孔状气孔允许出现在冒口的表面，深度不能伸展到连接头中间部位，气孔总表面积在接头表面积的 20％ 以下，最大气孔直径小于 2mm。

自主开发的放热焊粉焊接不锈钢包钢接头外观形貌如图 5-34 所示。可以看出，焊接接头颜色为古铜色；不锈钢包钢完全包在接头里面，焊接接头凹面高于不锈钢包钢；凸面（冒口处）高度适中；接头表面平滑只有少量的熔渣，且熔渣易去除；接头凸位（冒口处）表面有少量针孔状气孔，类似于铸造缩孔特征，但气孔深度很浅。综上所述，接头外观质量较好。

（a）"一"字形接头　　　　　　　　　　　　（b）"T"字形接头

图 5-34　自主开发的放热焊粉焊接不锈钢包钢接头外观形貌

5.4.1.2　接头内部气孔缺陷评定

将项目获得的放热焊接不锈钢包钢接头从接头中心部位切割，观察内部截面成形情况，如图 5-35 和图 5-36 所示。可以看出，焊粉焊接接头内部基本无气孔存在，肉眼观察也没有明显夹渣，也未发现有未熔合区域，接头焊接部位基本实现了 100% 焊合。

图 5-35　焊接不锈钢包钢接头截面形貌

图 5-36　焊接铜包钢接头截面形貌

将不同系列焊粉实施放热熔钎焊获得的不锈钢包钢接头沿径向切片观察，薄片厚度 1mm，如图 5-37 所示，可见切片后焊接接头内部均无肉眼能观察到的气孔存在，

图 5-37　放热熔钎焊接不锈钢包钢接头沿径向切片截面形貌

接头界面焊合率、致密度均接近 100%。因此，可以表明开发的放热焊粉很好地解决了气孔、夹渣、未焊合等缺陷，接头成形质量优于国内普通焊粉，媲美国外进口焊粉。

5.4.2　接头界面组织形貌

5.4.2.1　接头金相组织

通过微观组织检测可以分析不同放热焊粉焊接不锈钢包钢接头的组织变化规律。在检测之前，需要对试样进行制样。将接头合金镶样，先在砂带机上进行粗磨，而后用不同粒度的水砂纸进行逐级细磨，分别用 2.5μm 和 1.5μm 的金刚砂抛光膏进行抛光，最后用氯化铁溶液腐蚀，腐蚀时间为 3～5s。采用 ZEISS 金相显微镜检测接头的微观组织，采用 Phenom Pw100 - 018 型扫描电镜对接头界面组织形貌、元素扩散行为进行分析。

由放热反应原理可知，放热焊接时，氧化铜与铝的化学反应（放热反应）产生液态高温铜液流入模具型腔内，熔化了靠近引流槽的部分不锈钢包钢。接头界面微观组织形貌如图 5 - 38 所示。熔化的不锈钢包钢扩散到铜铸态组织中呈近圆形，如图 5 - 38

（a）国外焊粉

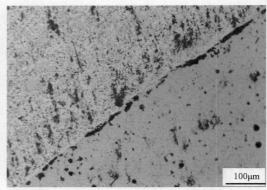
（b）国内焊粉

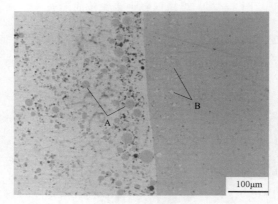
（c）自制焊粉

图 5 - 38　接头界面微观组织形貌

(c) 中 A 处所示，铜扩散到不锈钢包钢中的呈不规则状，如图 5-38（c）中 B 处所示。由于熔化部分不锈钢包钢与高温铜液混合，不锈钢包钢中 Fe 元素扩散到铜组织中的距离比铜扩散到不锈钢包钢中的更长。

5.4.2.2　市售焊粉焊接接头界面组织

对三种放热焊粉焊接不锈钢包钢接头界面组织进行了扫描电镜分析。普通市售放热焊粉焊接接头界面 SEM 形貌及合金元素面扫描分布图如图 5-39 所示。从图 5-39（a）可以看出，接头熔合界面较为完整，Fe 与 Cu 之间存在较为明显过渡区域，从图 5-39（b）和（c）可知，该过渡区域 Fe、Cu 元素富集。依据 Fe-Cu 二元相图，该区域应为 Cu 在 Fe 中的固溶体组织。此外，该过渡区域存在黑色相，能谱分析表明 Fe、Cu、Al、O 含量较高，推测为 Fe、Cu、Al 的氧化物夹杂。Cu 侧近界面形成离散分布的富 Fe 粒状组织。同时，Al、O 的面扫描分布结果表明接头 Cu 侧区域存在细小粒度的 Al_2O_3 夹杂物。

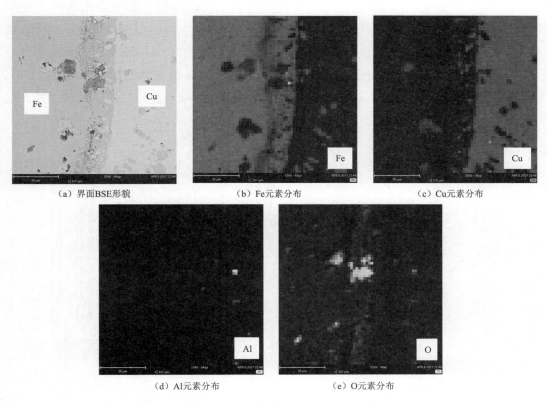

（a）界面BSE形貌　　　　（b）Fe元素分布　　　　（c）Cu元素分布

（d）Al元素分布　　　　（e）O元素分布

图 5-39　市售焊粉焊接接头 SEM 形貌及元素面扫描分布

5.4.2.3　进口焊粉焊接接头界面组织

采用进口焊粉的放热焊接接头界面 SEM 形貌如图 5-40 所示。接头界面 Cu、Fe 之间形成明显过渡区。对界面不同相组织进行了能谱分析，结果表明 Cu 侧基体（标

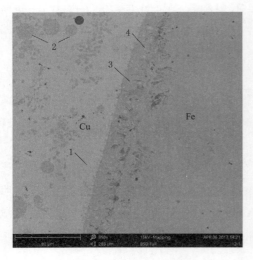

图 5-40　进口焊粉焊接接头
界面 SEM 形貌

记点 1）主成分 Cu 含量 84%，同时含有微量 Fe、Ni、Al 等合金元素，推断其相组织为富 Cu 固溶体。Cu 侧基体分布游离状富 Fe 相，如标记 2 所示。Cu、Fe 界面过渡区基体组织为 Fe(Cu) 基固溶体。过渡区基体上分布少量富 Cu 相，如标记 4 所示，由此可以推断 Cu、Fe 界面过渡区域为 Fe 基固溶体和 Cu 基固溶体的混合组织。这种界面组织与 Cu/Fe 钎焊或熔焊界面组织类似。

5.4.2.4　自制焊粉焊接接头界面组织

　　自制放热焊粉焊接不锈钢包钢接头界面组织形貌及元素线扫描分布如图 5-41 所示。接头界面组织结构与上述两种接头界面结构相似，熔接界面完好，无缺陷。Cu、Fe 界面出现明显过渡扩散区，界面元素线扫描分析结果如图 5-41（b）所示，合金元素分布趋势与进口焊粉焊接接头元素分布基本一致。并且，Cu 侧基体内含有一定量的 Al。与纯铜相比，CuAl 合金具有更好的耐腐蚀性能，因此接头具有较好的耐腐蚀性能。

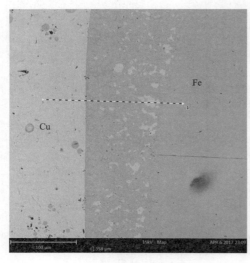

（a）界面 BSE 形貌

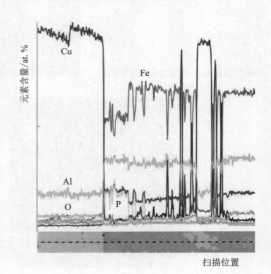

（b）界面元素线扫描分布

图 5-41　自制焊粉焊接接头界面组织形貌及元素线扫描分布

　　放热焊粉接头内部出现气孔、夹杂缺陷的根本原因在于焊粉的除氧、排气、排渣能力不足，这些缺陷的解决措施应当以除气、排渣和提高铜液流动性为主导思路。根据放热焊原理，Al 与 CuO 反应生成热量较高，反应剧烈但铜液量相对较少，而 Al 与

Cu_2O 反应热量稍低但铜液量较大。对于放热焊粉的研制，单一的 Al 粉和 CuO 粉或 Al 粉与 Cu_2O 粉的成分搭配并不能完全满足放热焊的技术要求。放热焊粉在引燃剂的催化作用下发生化学反应，充分反应后生成的高温铜液在模具腔道的引流作用下，全方位快速流入熔接腔内，不锈钢包钢在瞬间高温作用下溶解，Cu、Fe 在熔接界面溶解、互扩散，形成 $Cu(s,s)/Cu(s,s)+Fe(s,s)/Fe(s,s)$ 的过渡界面，然后包裹、凝固后形成熔接接头。研究人员研制的放热焊粉以 Al 粉、CuO 和 Cu_2O 粉末为基体，添加含 P 活性剂粉末，利用 P 的还原作用可以有效去除反应铜液内的氧气，净化铜液，提高铜液流动性，更有利于气体排出从而消除气孔缺陷。

放热焊接头内部夹杂主要为氧化铝以及氧化铁残渣。放热反应引燃后，氧化铝在反应腔内随即生成，铜液流入型腔，完全反应后的氧化铝在反应腔内形成残渣。接头内部出现氧化铝夹杂物说明放热焊粉排渣能力不足，部分氧化铝残渣随着铜液流入熔接腔内形成夹杂。自制的放热焊粉添加萤石粉、硅钡钙为造渣剂，显著增强了造渣、排渣作用。从图 5-41 也可以看出，自制放热焊粉反应后形成的完整杯状残渣表明项目开发的新型放热焊接材料具有较好的排渣能力，既有利于排渣，也有利于焊后模具内腔的清理，提高了施工效率。

5.4.3 接头电阻测试

采用 QJ84 型数字直流电桥测量国外焊粉、国内焊粉、自制焊粉焊接不锈钢包钢接头的电阻值，为了便于分析比较，本实验取不同焊粉焊接不锈钢包钢接头的测量端距离均为 25cm，焊接接头电阻测量如图 5-42 所示，测试结果为 5 个试样的平均值，焊接接头电阻测试测量结果如图 5-43 所示。

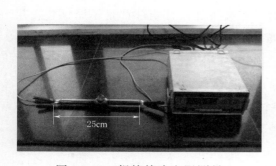

图 5-42 焊接接头电阻测量

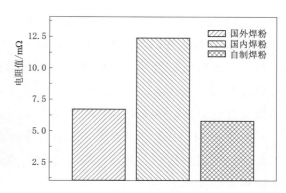

图 5-43 焊接接头电阻测试结果

由图 5-43 中可以看出，国外焊粉、国内焊粉、自制焊粉三种焊接接头电阻值分别为 6.6974mΩ、12.3906mΩ、6.8042mΩ。由图中可以看出，同等规格情况，国内焊粉焊接不锈钢包钢接头电阻值最大，其电阻值较大的原因为其接头截面存在大量气孔，而气孔是导致接头强度下降、电阻增大的主因，因此国内焊粉焊接接头的电阻值高于国外焊粉和自制焊粉。同等规格接头情况下，自制焊粉焊接接头电阻值最小，这一结果也与其接头内部气孔、夹杂等缺陷较少有关。满足了接地装置的良好导电性能的要求。

5.4.4 接头力学性能测试

取相同质量的国外焊粉、国内焊粉、自制焊粉和相同份额的引燃剂，按照放热焊接工艺焊接不锈钢包钢复合材料接头。焊接后采用型号为 C46.105 的万能力学试验机测量不锈钢包钢"一"字形接头抗拉强度，C45.105 万能力学试验机如图 5-44 所示。测试时加载速率为 0.5mm/min，实验结果为三个试样的平均值。

图 5-44 C45.105 万能力学试验机

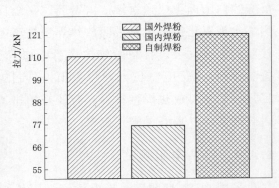

图 5-45 不锈钢包钢焊接接头拉伸测试结果

采用 C45.105 万能力学试验机对三种焊粉焊接不锈钢包钢接头进行拉伸试验，拉伸测试结果如图 5-45 所示，接头断裂形貌如图 5-46 所示。由图中可以看出，国外焊粉、国内焊粉、自制焊粉焊接不锈钢包钢接头的拉断力分别为 110.406kN、76.335kN、121.105kN，所有拉伸试样全部断裂在接头处，且全部都是不锈钢包覆层拉断。因为接地装置服役环境处于地下且需要承受大电流冲击（30～50kA），所以对焊接接头的导电性能、耐腐蚀性能、熔点要求比较高，而对力学性能只需要具有一定的抗拉强度即可，因此自制焊粉的强度足以满足接地装置的要求。

由图 5-46 中还可以看出，断裂处靠近凸面（冒口处）的铸态铜、铜-钢界面以及不锈钢包覆层被拉断，无法准确计算出放热焊接接头的抗拉强度，故只能以拉断力来表征接头强度的大小。

5.4.5 接头电气稳定性评定

接地网接头电气稳定性循环试验，参考《变电站接地件永久性联接的质量鉴定》（IEEE 837—2002）进行。标准中的循环试验包括电流—温度冲击试验、冰冻—融化试验、短路电流冲击试验三个试验过程。

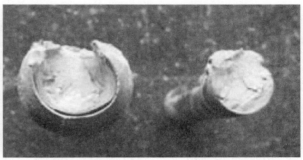

（a）国外焊粉

（b）国内焊粉

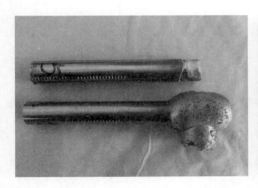

（c）自制焊粉

图 5－46　焊接接头拉伸测试后接头断裂形貌

5.4.5.1　电流—温度冲击试验评定

利用直流电源对铜包钢放热焊接接头施加电流至温度升至 350℃，保温 1h，冷却到室温，再升温至 350℃，共进行了 20 次循环试验。实验后观察接头形貌并测量电阻变化。

实验采用的铜包钢为连铸铜包钢与进口电镀铜包钢。电流温度循环试验完毕后，水平连铸铜包钢表面产生少量比较薄的氧化皮，但未剥落；进口电镀铜包钢表面氧化皮较多，局部剥落了，电流温度冲击试验前后接头形貌变化如图 5－47 所示。对实验前后接头电阻进行测量，前后接头电阻变化结果见表 5-11。连铸铜覆钢接头的电阻下降，为试验前的 70% 左右，其原因为水平连铸铜覆钢由于铸造生产工艺，铸造组织缺陷较多，组织均匀性较差，造成连铸铜覆钢初期电阻值较高。经 350℃ 电流升温后，相当于进行了退火处理，组织均匀化程度增加，电阻降低，其母材电阻降低程度低于接头电阻增大程度，因此其接头电阻降低了一些。进口焊粉焊接电镀铜包钢接头电阻略微增大，仅为 1.3%～1.8%。

（a）自制焊粉焊接铜包钢接头　　　　　　　（b）进口焊粉焊接进口电镀铜包钢接头

图 5-47　电流温度冲击试验前后接头形貌变化

表 5-11　　　　　　　　　　电流温度冲击试验前后接头电阻变化

数据 \ 类型	自制焊粉焊接接头 （20℃，$L=400$）			进口焊粉焊接接头 （20℃，$L=400$）	
初始电阻值	244.3	247.2	246.5	256.2	260.8
电流温度冲击后	166.5	171.1	165.9	259.8	264.2
试验后/初始	0.682	0.692	0.672	1.018	1.013

5.4.5.2　冰冻—融化试验评定

将电流温度冲击试验后的试样，采用温度冲击试验箱进行冰冻—融化试验，冷却至 -10℃，保温 1h 后升至 20℃，保温 1h，为一循环，共进行 10 个循环试验。

电流温度冲击试验前后接头形貌变化如图 5-48 所示，接头外观基本无明显变化，

（a）自制焊粉焊接铜包钢接头　　　　　　　（b）进口焊粉焊接进口电镀铜包钢接头

图 5-48　电流温度冲击试验前后接头形貌变化

接头电阻变化见表 5-12。可以看出，冰冻实验对接头电阻影响很小。

表 5-12　　　　　　　　冰冻试验前后接头电阻变化　　　　　　　单位：Ω

参　　数	自制焊粉焊接接头 (20℃，L=400)			进口焊粉焊接接头 (20℃，L=400)	
初始电阻值	166.5	171.1	165.9	259.8	264.2
电流温度冲击后电阻值	166.8	172.4	166.7	261.7	264.6
试验后电阻值/初始电阻值	1.002	1.008	1.005	1.007	1.002

5.4.5.3　短路电流冲击试验评定

冰冻融化后的试样连接后进行短路电流冲击试验，初始短路电流有效值为 7.5kA，每次冲击 4s，共进行 3 次（电流在试验过程中有衰减，三次试验短路电流的有效值分别为 7.5kA、6.4kA 和 4.9kA，三次试验最大短路电流分别为 13.6kA、11.2kA 和 7.9kA）。经短路电流冲击试验后，冲击试验前后接头形貌变化如图 5-49 所示，各材料的电阻变化不大，前后接头电阻变化见表 5-13。

 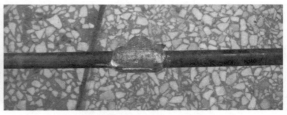

（a）自制焊粉焊接连铸铜包钢接头　　　　　　（b）进口焊粉焊接进口电镀铜包钢接头

图 5-49　短路电流冲击试验前后接头形貌变化

表 5-13　　　　　短路电流冲击试验前后接头电阻变化　　　　　单位：Ω

参　　数	自制焊粉焊接接头 (20℃，L=400)			进口焊粉焊接接头 (20℃，L=400)	
初始电阻值	166.8	172.4	166.7	261.7	264.6
电流温度冲击后电阻值	172.5	173.0	166.0	262.4	265.4
试验后电阻值/初始电阻值	1.034	1.003	0.996	1.003	1.003

经整个热稳定循环试验后（电流—温度试验、冰冻—融化试验、短路电流冲击试验），电阻变化见表 5-14，从中可以看出，所有试样电阻变化都远低于《变电站接地件永久性联接的质量鉴定》（IEEE 837—2002）标准中电阻增大程度的要求：电阻增大不超过 50% 的标准。

表 5-14　　　　　　　　　　　整个循环试验后电阻变化

参 数	自制焊粉焊接接头 (20℃，$L=400$)			进口焊粉焊接接头 (20℃，$L=400$)	
初始电阻值	244.3	247.2	246.5	255.2	260.8
电流温度冲击后电阻值	172.5	173.0	166.0	262.4	265.4
试验后电阻值/初始电阻值	0.706	0.699	0.673	1.028	1.017

5.5　接地网放热熔钎焊工程应用

本书的目的是解决目前电力工程接地网连接存在的实际问题，目前，焊接工艺不规范是影响接地网放热焊焊接质量的一大问题，主要体现在以下几个方面：

（1）焊粉质量不合格。焊粉原料的成分是决定接头性能的决定因素，它不但决定焊缝金属合金成分，还决定焊接接头的外观及焊缝金属中夹杂、气孔等缺陷，焊粉的颗粒度会影响到焊接过程中的氧化还原反应速度，继而控制焊接安全性和接头中熔化半径，因此焊粉质量的不合格会导致接头缺陷率提高，焊接质量差，目前焊粉种类繁多，质量参差不齐，亟须相应标准对焊粉性能要求进行明确规定。

（2）焊接工艺不规范。焊接工艺的执行情况会严重影响到焊接接头质量，例如焊前对母材、模具的烘干、预热、清洁，可以有效减少或者消除在焊接过程中产生的气孔和夹杂，焊后保温时间的合理控制可进一步降低接头开裂可能，并降低接头电阻率。因此，需要编制电力工程接地装置放热焊技术工艺规范，规定接地装置放热焊接的技术要求，使行业内有关接地装置放热焊接工作有章可循，提高焊接质量。

（3）对焊接接头质量把控不严。本项目开展之前，国内接地领域放热焊接施工尚没有针对性的标准作为施工验收和质量检验及评定依据，为确保电气工程接地装置的工程质量，需制定相应标准对焊接接头性能及施工验收进行明确规定。

为解决以上问题，项目组在调查研究、科学试验、现场验证的基础上进行了制定了相应的电力工程接地网放热焊焊粉技术标准、接地网焊接现场施工技术规范等一系列标准和规程，用于指导接地网放热焊技术的推广应用。

5.5.1　工程示范应用

5.5.1.1　开封 220kV 明河变电站项目

选取开封 220kV 明河变电站接地网进行放热熔钎焊接技术应用。该变电站建于2000 年，位于河南省开封市尉氏县，地处豫东平原，土壤特性为潮土特性，土壤呈现中性或微碱性，其面积为 25200m²，长为 180m，宽为 140m。该变电站接地网的网格尺寸为 30m×16m，明河变电站接地网主网结构如图 5-50 所示。

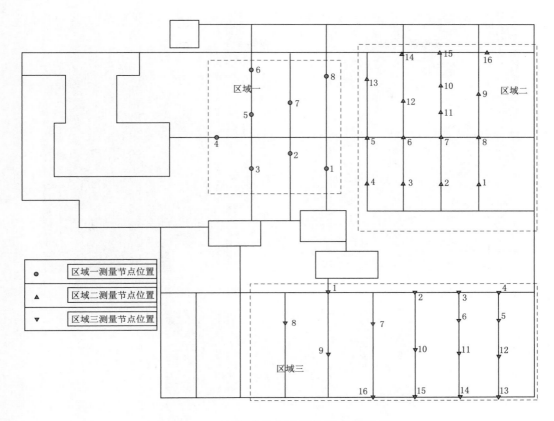

图 5-50　明河变电站接地网主网结构

接地网材料为直径 20mm 的普通圆钢，施工过程中严格按照编制的接地网施工规范进行。所用焊粉牌号 FWB60，"一"字形接头所用焊粉包装为 220g，"T"字形接头所用焊粉包装 300g。接地网放热熔钎焊接照片如图 5-51 所示。

焊接完成后，对每个接头进行外观检验，并抽样进行接头电阻测试，根据接头性能对焊接工艺进行优化，确保焊接质量满足要求。

为验证接地网放热熔钎焊焊接接头在实际应用中的防腐蚀性能，在接地网运行一年后，在该站接地网三个区域分别选取三处进行开挖验证，现场开挖结果表明看出圆钢颜色基本正常，接头状况良好，连接牢固，未发生腐蚀。

5.5.1.2　鹤壁 220kV 汤岳线

项目选取了鹤壁 220KV 汤岳线输电线塔接地网进行放热熔钎焊接技术验证。该线路位于河南省鹤壁市，地处太行山东麓和华北平原的过渡地带，土壤特性为褐土特性，土壤呈现中性或微碱性。接地网的主网结构如图 5-52 所示。

接地网材料为直径 16mm 的覆碳钢绞线，施工过程中严格按照接地网施工技术规范进行。所用焊粉牌号 FWB40，"一"字形接头所用焊粉包装为 200g，"T"字形接头

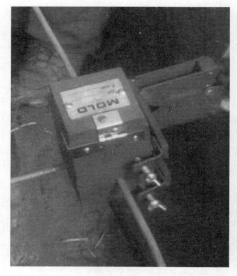

（a）焊前装配

（b）焊接过程

（c）焊接接头

图 5-51　开封 220kV 明河变电站接地网放热熔钎焊接

所用焊粉包装 260g。汤岳线输电线塔接地焊接如图 5-53 所示。

　　焊接完成后，对每个接头进行外观检验，并抽样进行接头电阻测试，根据接头性能对焊接工艺进行优化，确保焊接质量满足要求。

5.5.1.3　新乡北 500kV 变电站

　　选取辉县市新乡北 500kV 变电站接地网进行放热焊接技术验证。该线路位于河南

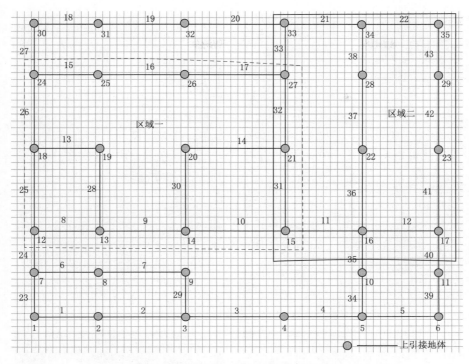

图 5-52　汤岳线接地网主结构图

省新乡市辉县，地处太行山与华北平原结合部，土壤特性为褐土特性，土壤呈现中性或微碱性。该变电站接地网的网格为 13m×9m，接地网主网格结构图如图 5-54 所示。

接地网材料为厚度 4mm、宽 80mm 的扁钢。所用焊粉牌号 FWB60，"一"字形对接接头所用焊粉包装为 420g。放热焊接照片如图 5-55 所示。焊接完成后，对每个接头进行外观检验，并抽样进行接头电阻测试，根据接头性能对焊接工艺进行优化，确保焊接质量满足要求。

为验证接地网放热熔钎焊焊接接头在实际应用中的防腐蚀性能，在接地网运行一年后，利用本公司自行研制的变电站接地网三维成像与状态评估数字化检测系统对该站接地网腐蚀情况进行现场检测，按照图中标示位置进行分区测量，检测结果表明，接地网各个支路均未发生明显腐蚀，接地网支路阻抗计算结果如图 5-56 所示。

为验证检测结果的准确性，根据诊断结果对相关诊断支路阻抗增大倍数较大的对应接地网节点进行开挖验证，现场开挖结果如图 5-57 所示，可以看出扁钢颜色基本上正常，接头状况良好，连接牢固，未发生腐蚀。

5.5.2　放热焊焊粉技术标准

项目研究结果表明，放热焊焊粉的成分、特性、工艺条件对接头性能有很大影响，

（a）焊接准备　　　　　　　　　　　　（b）焊接过程

（c）焊接接头　　　　　　　　　　　　（d）接头电阻测试

图 5-53　鹤壁 220kV 汤岳线输电线塔接地焊接

为避免由于焊粉制备工艺不规范而造成接地网焊接接头质量问题，根据放热焊接在电力工程中的实际运用现状及产品性能技术水平，在理论研究、资料搜集及现场试验验证的基础上制定了接地装置放热焊粉技术标准，对放热焊粉的主要成分及含量、放热焊粉的颗粒度范围、放热焊接接头熔敷金属的主要成分及含量、放热焊接接头熔敷金

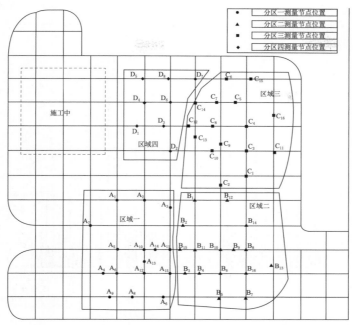

图 5-54　新乡北变电站接地网主网格结构图

图 5-55　新乡北 500kV 变电站接地焊接

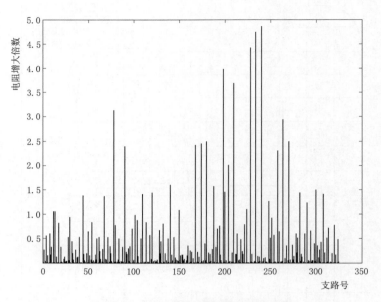

图 5-56 接地网支路阻抗计算结果

图 5-57 新乡北变电站地网开挖结果

属的熔点、放热焊接接头需达到的性能要求及相关检测方法做了明确规定，为放热焊粉的研发和制备工艺提供了技术规范。

5.5.3 放热焊现场施工技术规范

根据放热焊接在电力工程接地网材料焊接中的应用形势，为明确接地装置放热焊接技术要求和质量标准，改变国内接地领域放热焊接施工没有针对性的标准作为施工验收和质量检验及评定依据的现状，确保电气工程接地装置的工程质量，根据国家电网公司的要求，在广泛调研和认真总结国内外各种类放热焊粉成分、特性、工艺条件、接头性能的前提下进行了大量详细的检测与试验，并结合项目成果编制了接地装置放热焊技术导则，规定了电气工程接地装置放热焊接的技术要求及质量标准，作为国家电网公司的企业标准，力求具有科学性、实用性和可操作性，使行业内有关接地装置放热焊接工作有章可循。

参 考 文 献

［1］ 杨帆. 变电站接地网腐蚀与防护研究 ［J］. 电气制造，2014 （5）：58 - 60.

［2］ 王思华，杨桐，段启凡，等. 基于 DT 法和粗糙集理论的接地网安全性状态评定 ［J］. 电力系统保护与控制，2017，45 （2）：48 - 54.

［3］ 寇晓适，张科，张嵩阳，等. 大型变电站接地网导通状况研究 ［J］. 电网技术，2008，32 （2）：88 - 92.

［4］ 刘洋，江明亮，崔翔. 变电站接地网导体与网格结构探测方法 ［J］. 电工技术学报，2013，28 （5）：167 - 173.

［5］ 李建南，张慧媛，王鲜花，等. 中压电缆网接地故障的电弧建模及仿真研究 ［J］. 电力系统保护与控制，2016，44 （24）：105 - 109.

［6］ 李景丽，张宇，郭丽莹，等. 复杂土壤结构对水电站接地装置散流机理影响分析 ［J］. 电工技术学报，2017，32 （23）：167 - 175.

［7］ 肖微，胡元潮，阮江军，等. 柔性石墨复合接地材料及其接地特性 ［J］. 电工技术学报，2017，32 （2）：85 - 94.

［8］ 刘洋，江明亮，崔翔. 变电站接地网导体与网格结构探测方法 ［J］. 电工技术学报，2013，28 （5）：167 - 173.

［9］ 杨帆，代锋，姚德贵，等. 基于最小二乘 QR 分解算法的接地网磁场重构方法及应用 ［J］. 电工技术学报，2016，31 （5）：184 - 191.

［10］ 秦善强，付志红，朱学贵，等. 遗传神经网络的瞬变电磁视电阻率求解算法 ［J］. 电工技术学报，2017，32 （12）：146 - 154.

［11］ 王大兴，许安. 基于灵敏度分析法的接地网故障诊断模型应用研究 ［J］. 电气安全，2013，32 （18）：64 - 68.

［12］ 许磊，李琳. 基于电网络理论的变电站接地网腐蚀及断点诊断方法 ［J］. 电工技术学报，2012，27 （10）：270 - 276.

［13］ 季诚，郝承磊，张秀丽，等. 接地网腐蚀状态电化学检测传感器的研制 ［J］. 华北电力技术，2014 （11）：6 - 11.

［14］ Holder D S. Electrical impedance tomography of global cerebral ischaemia with cortical or scalp electrodes in the anaesthetized rat ［J］. Clinical Physics and Physiological Measurement，1992，13 （1）：87 - 98.

［15］ 王廷. 离体乳腺组织电阻抗频谱特性分析及乳腺电阻抗扫描成像的临床应用研究 ［D］. 西安：第四军医大学，2008.

［16］ Heikkinen L M，Kourunen J，Savolainen T，et al. Real time three - dimensional electrical impedance tomography applied in multiphase flow imaging ［J］. Measurement Science & Technology，2006，17 （540）：2083 - 2087.

［17］ 熊秀芳，杨光，张炜，等. 基于电阻抗成像的食品中异物检测仿真研究 ［J］. 中国科技论文，2016，11 （2）：224 - 230.

［18］ 李星恕，崔猛，杨剑雄，等. 基于电阻抗成像的植物单根断层图像重建 ［J］. 农业工程学报，2014，30 （16）：173 - 180.

[19] 曹晓斌，吴广宁，付龙海，等．直流电流密度对土壤电阻率的影响 [J]．中国电机工程学报，2008，28（6）：37 – 42．

[20] 范开明，王成江，李光，等．基于能量最低原理的接地网故障诊断 [J]．三峡大学学报自然科学版，2013，35（2）：33 – 36．

[21] 卢波．病态问题的奇异值分解算法与比较 [J]．测绘地理信息，2011，36（4）：19 – 22．

[22] 王晓宇，何为，杨帆，等．基于微分法的接地网拓扑结构检测 [J]．电工技术学报，2015，30（3）：73 – 78．

[23] 肖磊石．变电站接地网腐蚀诊断方法及其影响因素研究 [D]．重庆：重庆大学，2011．

[24] 许磊，李琳．基于电网络理论的变电站接地网腐蚀及断点诊断方法 [J]．电工技术学报，2012，27（10）：270 – 276．

[25] 刘渝根，吴立香，王硕．大中型接地网腐蚀优化诊断实用化分析 [J]．重庆大学学报，2008，31（4）：417 – 420．

[26] 许慧中，马宏忠，张志新，等．发电厂、变电站接地网故障诊断研究 [J]．电力系统保护与控制，2009，37（24）：51 – 54．

[27] 张晓玲，黄青阳．电力系统接地网故障诊断 [J]．电力系统及其自动化学报，2002，14（1）：48 – 51．

[28] 刘健，王树奇，李志忠，等．基于网络拓扑分层约简的接地网腐蚀故障诊断 [J]．中国电机工程学报，2008，28（16）：122 – 128．

[29] 刘健，王建新，王森．一种改进的接地网故障诊断算法及测试方案评价 [J]．中国电机工程学报，2005，25（3）：71 – 77．

[30] 倪云峰，王树奇，李志忠，等．一种线性的接地网故障诊断新方法 [J]．电力系统保护与控制，2008，36（17）：24 – 27．

[31] 刘洋，崔翔，赵志斌，等．基于电磁感应原理的变电站接地网腐蚀诊断方法 [J]．中国电机工程学报，2009，29（4）：97 – 103．

[32] 卢庆华，徐培全，于治水，等．钢轨焊接技术及质量控制 [J]．焊接技术，2010（1）：66 – 68．

[33] 胡志成．铝热焊焊接过程中的常见问题和对策 [J]．上海铁道科技，2008（4）：56，117．

[34] 王鹏．水电站永久接地网的放热焊接工艺 [J]．水利水电施工，2008（3）：62 – 64．

[35] 吕大鹰，鲍威．新材料与新技术在电力接地系统中的应用 [J]．能源工程，2009（6）：49 – 53．

[36] 唐宝锋，范辉，贺春光，等．二次系统等电位接地网的敷设 [J]．电力系统的保护与控制，2009（7）：112 – 115．

[37] 魏常信，关金锁．WTWELD放热焊接工艺在电网直流工程接地设施中的应用 [J]．中国新技术新产品，2010（14）：140 – 141．

[38] 郝峰，于治深．谈接地网设计及施工的重要性 [J]．黑龙江科技信息，2011（2）：261 – 263．

[39] 冯新龙．新型接地材料在城区配电网中的应用 [J]．电力技术，2010，19（17 – 18）：110 – 113．

[40] 王国栋，孟岩．火力发电厂接地材料选用综述 [J]．科技致富向导，2010，211（29）：274 – 275．

[41] 刘吉延，黄鑫，邱骥，等．无电焊接材料的燃烧速度和燃烧温度研究 [J]．装甲兵工程学院学报，2009，23（3）：81 – 83．

[42] 中国机械工程学会焊接学会．焊接手册　第一卷：焊接方法及设备 [M]．北京：机械工业出版社，2008．

[43] 赵鸿金，王达，秦镜，等．铜/铝层状复合材料结合机理与界面反应研究进展 [J]．热加工工艺，2011，40（10）：84 – 87．

[44] 王海龙，王秀喜，梁海弋．金属 Cu 体熔化与表面熔化行为的分子动力学模拟与分析 [J]．金属学报，2005（6）：568 – 572．

[45] 曾大新，苏俊义，陈勉己．固体金属在液态金属中的熔化和溶解 [J]．铸造技术，2000，33（1）：33 – 36．